巧學編織
潮流配飾

王春燕 著

目錄

花嫁披肩

織法：49

充滿小女人風格的波斯菊盛開在肩頭，神秘的粉嫩紫色更大幅提升好感度。

多元圍巾

織法：50

雖然是一條普通的圍巾，加上釦子和小球球，瞬間就變成不同造型。

公主裙圍巾

織法：51

可愛的手鉤小裙裙，一個個組合成充滿可愛氣息的圍巾。

花朵護耳帽

織法：52

粉嫩的色彩、簡易的針法，編織似乎永遠能遊走在傳統與時尚之間。

花團背心

織法：54

馬海毛與羊毛搭配出柔美的質感，更彰顯出清新精緻女人味。

風尚肚兜

織法：56

簡單的色彩與簡單的織法打造一股或傳統或時尚的美感，更將甜美和性感融為一體。

可愛頭巾

織法：55

當纖細的身體隱藏在大衣中，隨意輕鬆的小頭巾瞬間吸引視線，充分表現清新氣質。

可愛彩虹帽

織法：60

寒冬時節，大衣是主角，隨意套上一頂豔麗的個性小帽，瞬間突顯俏皮與可愛的形象。

溫暖小麥色圍巾

織法：58

溫潤的色彩，簡易的鉤織方法，讓小圍巾既時尚又保暖。

花蕾披肩

織法：59

可愛的披肩是多用百搭的小配件，在頸部圍成兩圈即變成暖和的圍巾。

鯊魚手套

織法：62

小女生的配件個個充滿可愛的創意，連小小的手套也表現得如此淋漓盡致。

街頭前衛帽

織法：

可愛小毛線帽所製造出的驚喜效果，讓沉悶的冬天瞬間活躍起來。

樹葉花套頭披肩

織法：64

天然的羊毛色，混搭自然素材的服飾，清新瀟脫，回歸本我。

多情法國帽

織法：65

豔麗的貝蕾帽，將淑女風格裝扮得時尚嫵媚又清新怡人。

長靴腿套

織法：66

豔麗的酒紅色配上野性的灰色小皮草，原來護膝也可以如此時髦。

紅運帽

織法：68

引人注目的紅色編織小帽，可愛的毛線球球，令人感覺溫暖又舒適。

性感長筒繫帶襪

織法：67

實用前衛的無跟長毛線襪，與短靴是絕佳搭配。

配靴長襪

織法：70

可愛又充滿獨特個性的球球無跟襪，充分顯示個性美。

綿羊圈圈小羊圍巾

織法：84

可愛又溫暖的羊毛圍巾，厚實又充滿獨特風格。

雙色迷你背心

織法：74

高雅迷人的灰色毛線，針法簡潔，款式簡約，好穿又實用。

花朵背心

織法：72

盛開的花朵靜謐的展現綽約風姿，網格交織著可愛的小甜甜氣息。

公主繫帶帽

織法：76

戴上可愛的小紅帽，瞬間就找到小時候的感覺。

彩虹背心

織法：

七彩繽紛的彩虹背心讓人迫不及待的揮別寒冬，進入期待已久的百花爭豔的春天。

玫瑰鏤空背心

織法：78

將去年春天最絢爛的一幕留在身上，適合搭配各種內搭衣，讓人天天都想穿在身上。

花影公主手套

織法：79

手工編織品最具親和的觸感與最溫柔的質地，此款公主手套，讓妳的穿著打扮更具時尚感。

假髮帽

織法：80

可愛實用的假髮帽，採取最傳統常用的針法，相信你一定一學就會。

俏麗披肩

織法：81

可愛的心形花紋時尚披肩，藉由詳細的編織圖，你一定能夠為自己織一件。

超酷馬甲

織法：82

創意十足的時尚小單品，也是扮靚必備品。

吉普賽帽子

織法：85

實用多變的球球帽子，在沉悶的寒冬季節，讓妳的服飾更顯時尚有型。

雪天暖暖帽

織法：86

毛線可以演繹出各種時尚風格，皮草感、野性感、雪紡感⋯⋯

藍白長靴襪

織法：88

實用的毛線襪，配短靴時保暖又透氣，居家時又變身為輕巧的室內襪。

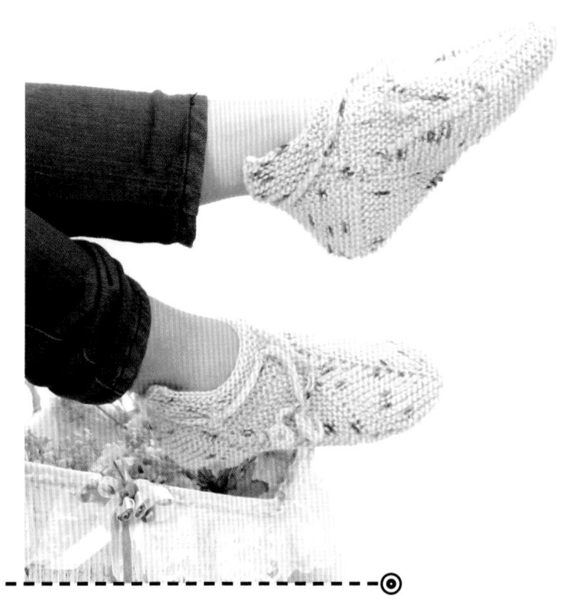

八片襪子

織法：90

粉嫩實用的靴形室內襪，
在家也要穿得潮流時尚。

大牌披肩

織法：92

大牌風範的披肩，野性的皮草感設計，可以搭配任何裙子或褲子，洋溢時尚的潮流感。

綿羊圈圈短披肩

織法：94

酒會上最惹眼的皮草感小披肩，充滿野性又不失端莊。

長袖手套

織法：71

長袖手套是百搭的小配件，不論短袖或細肩帶，隨時都能派上用場。

花嫁披肩

材料：純毛粗線　**用量：**175g
工具：6號針 8號針 5.0鉤針　**密度：**20針X24行=10平方公分
尺寸：(公分) 披肩周長90

編織說明：

織下針呈環形直筒，不用加減針。把鉤好的花朵縫合在披肩上。

使用針法：

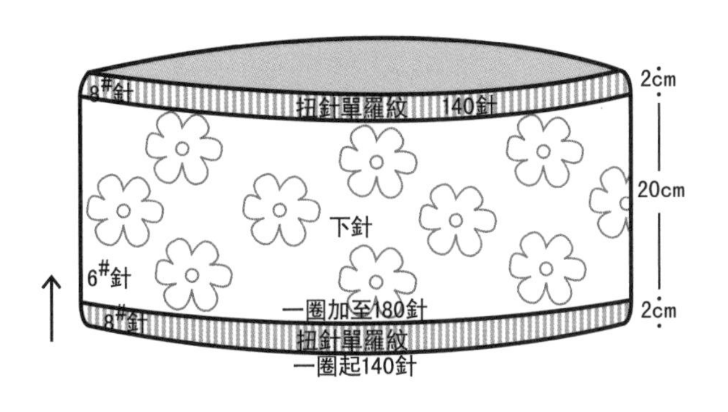

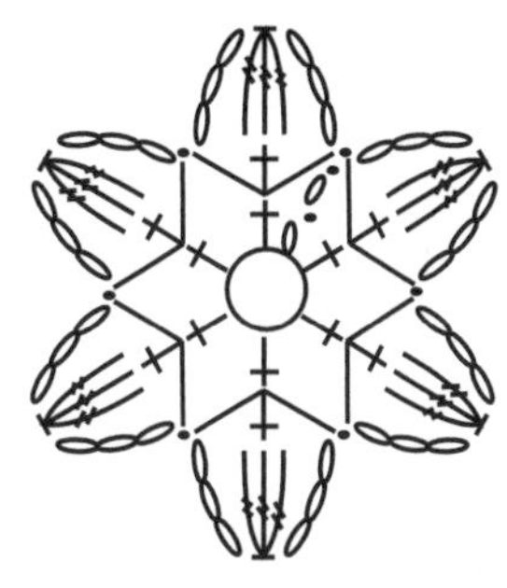

花朵的鉤法

編織步驟：

1. 用8號針起140針織2公分扭針單羅紋，織成環狀。
2. 換6號針加至180針，織20公分下針。
3. 換8號針減至140針後，織2公分扭針單羅紋，收彈性邊。
4. 依照圖示鉤花朵，固定在披肩上。

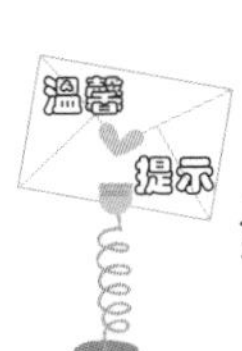

鬆收彈性邊，可防止羅紋過緊。

多元圍巾

材料：純毛粗線　　**用量：**350g
工具：6號針　　**密度：**24針X25行=10平方公分
尺寸：(公分) 長150　寬25

編織說明：

依照花紋織一圍巾，在不同位置縫好鈕子和球球。依照不同組合，可變化成帽子、背心等。

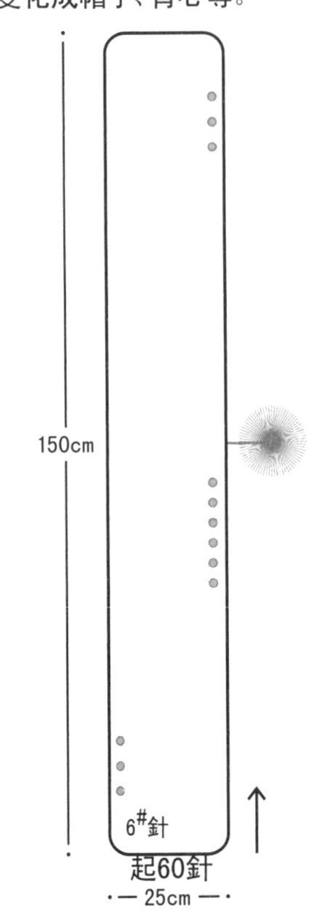

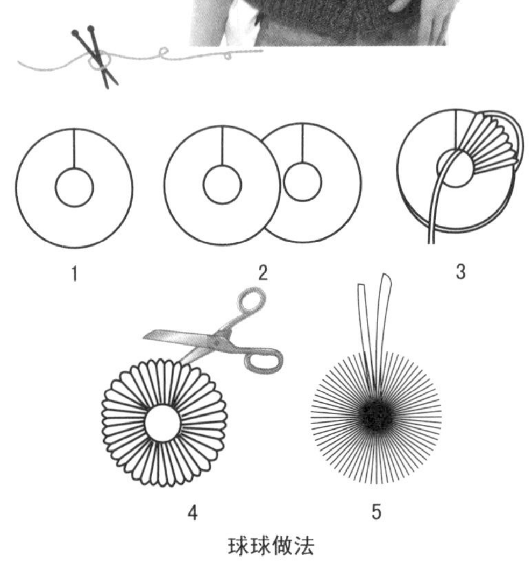

球球做法

使用針法：

I	I	−	⋌	−	I	I	−	⋌	−	I	I
I	I	−	Vo	−	I	I	−	Vo	−	I	I
I	I	−	λ	−	I	I	−	λ	−	I	I
I	I	−	Vo	−	I	I	−	Vo	−	I	I
I	I	−	⋌	−	I	I	−	⋌	−	I	I
I	I	−	Vo	−	I	I	−	Vo	−	I	I
I	I	−	λ	−	I	I	−	λ	−	I	I
I	I	−	Vo	−	I	I	−	Vo	−	I	I

阿爾巴尼亞針

編織步驟：

1. 用6號針起60針織150公分阿爾巴尼亞針，邊針挑下不織。
2. 依照圖示縫鈕子。
3. 做一個球球，繫在正中線一側。

可以做圍巾，或是把前後繫好鈕子做背心，也可以在正中繫好鈕子，前面繫上絲帶做帽子。

公主裙圍巾

材料：純毛粗線　　**用量：**200g

工具：5.0鉤針　　**密度：**15針X10行=10平方公分

尺寸：（公分）圍巾長119

編織說明：

按照圖解鉤7個小裙子片，豎排縫合成圍巾。

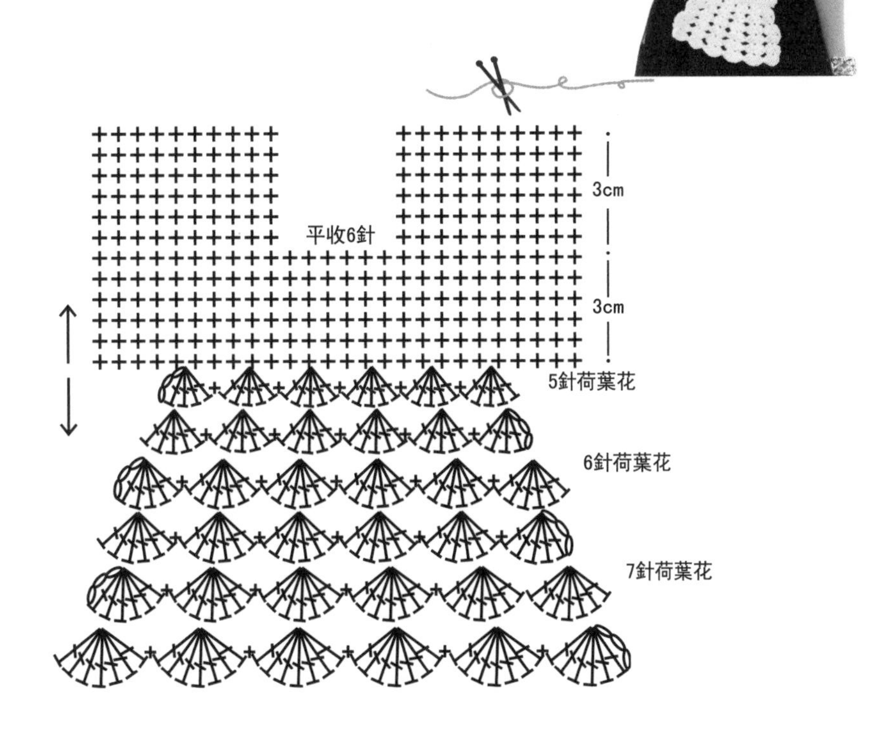

編織步驟：

1. 用鉤針起26針鉤3公分短針。
2. 兩側的10針分別多鉤6行，中間的6針平收。
3. 從起針位置的正中16針處，向下鉤5針荷葉花2行、6針荷葉花2行、7針荷葉花2行，形成小裙子。
4. 共鉤7個小裙子，每個小裙約17公分長，豎排縫合在一起形成圍巾。

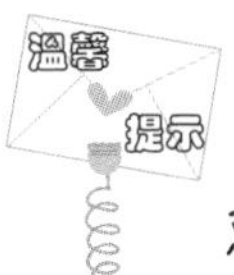

縫合小裙子的肩頭和下襬時，只固定幾針就可以了，如果完全縫合，就看不出裙子的輪廓了。

花朵護耳帽

材料：純毛粗線　　**用量：**175g

工具：6號針　5.0鉤針　　**密度：**18針X24行=10平方公分

尺寸：（公分）以實物為準

編織說明：

織一個長方形的大片，針法為4行下針4行上針，在兩側串入線拉緊繫好形成帽子，把花朵縫合於繫線位置。

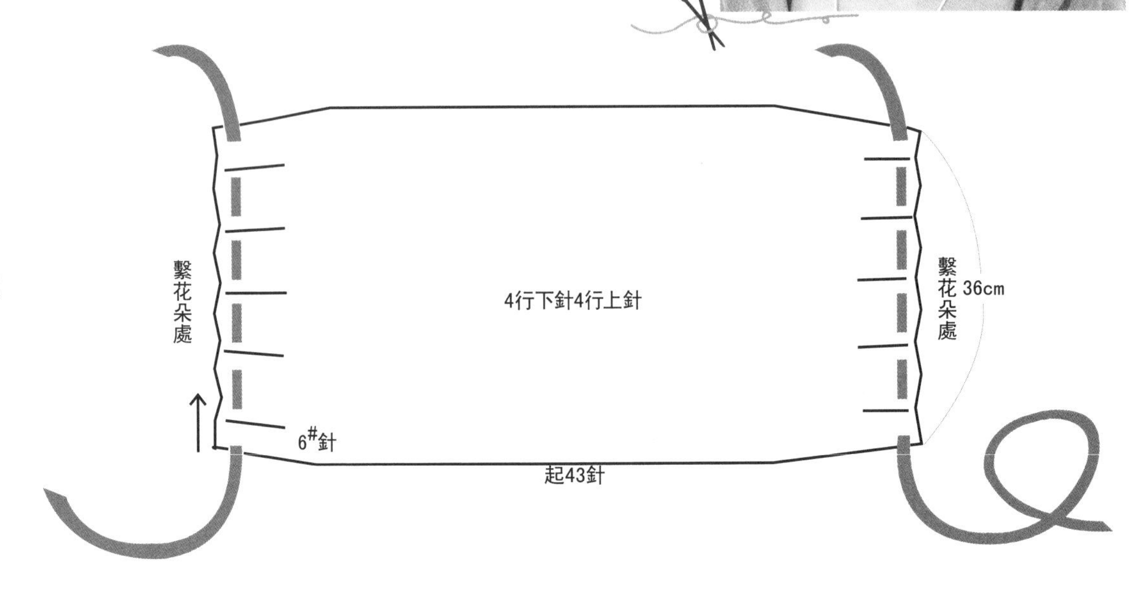

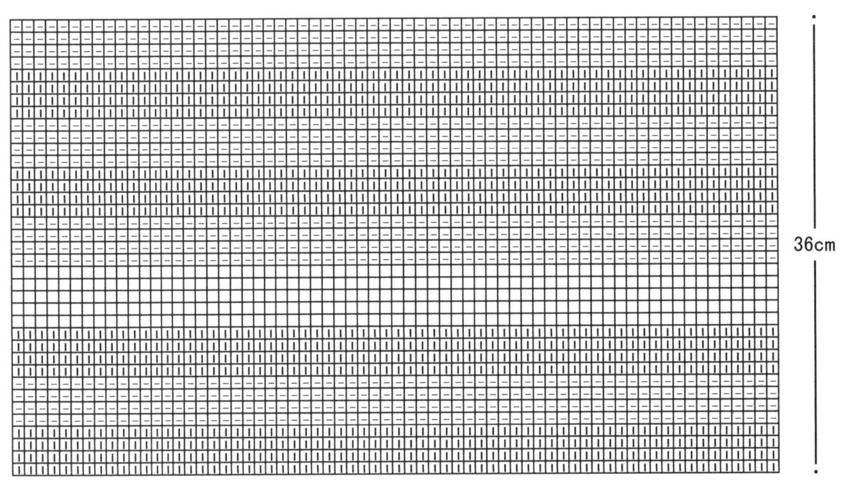

4行下針4行上針

編織步驟：

1. 用6號針粉色線起43針織4行下針4行上針，共36公分長。
2. 用雙線分別在長方形的左右兩側串起所有針目並拉緊形成帽子。
3. 用黃色線依照圖示鉤兩個花朵，縫合於帽子兩側，遮擋帽子兩側繫線的位置。

使用針法：

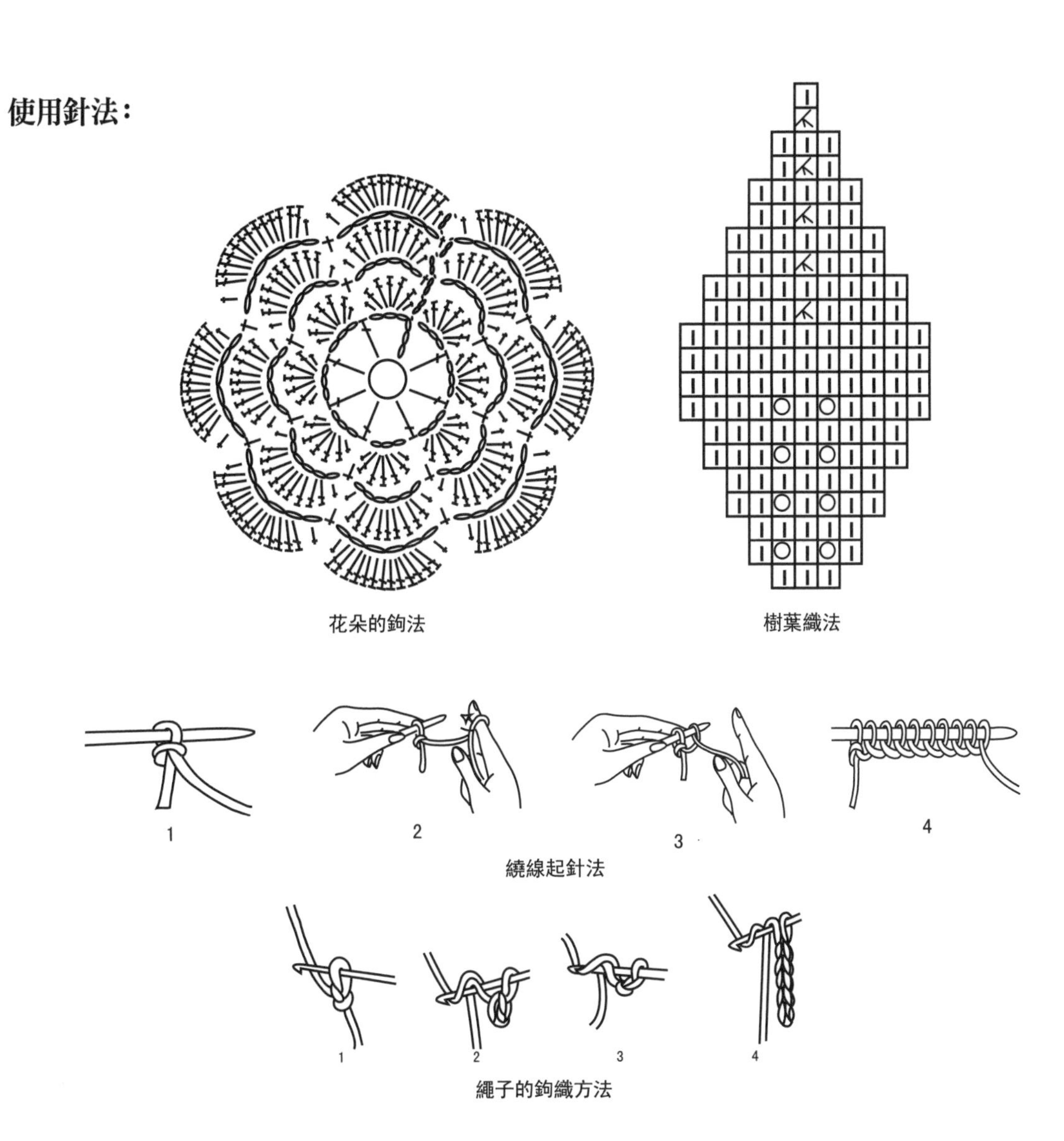

花朵的鉤法

樹葉織法

繞線起針法

繩子的鉤織方法

注意收針和起針花紋要一致對稱。

花團背心

材料：馬海毛線　　**用量：**200g
工具：6號針　5.0鉤針　　**密度：**20針X24行=10平方公分
尺寸：(公分) 衣長35

編織說明：

織一個下針的長方形，兩側為防捲邊織鎖鏈針。對摺縫合兩端形成袖口，在後領、門襟、下襬、後底邊的一圈內鉤密實的長針，形成重疊的花團邊。

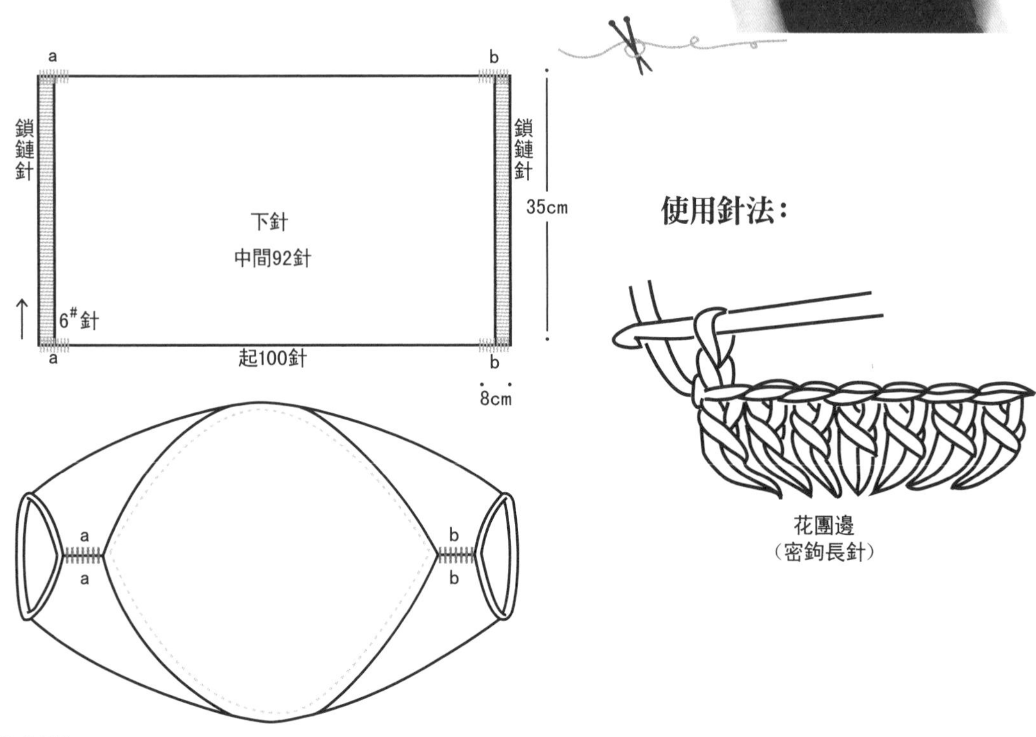

編織步驟：

1. 用6號針起100針織片，左右各4針織鎖鏈針，中間92針織下針，至35公分時收針。
2. 對摺，縫合a-a，b-b各8公分長形成袖口。
3. 用5.0鉤針馬海毛沿虛線處鉤長針，形成花團邊。

織左右的鎖鏈針時，線要拉緊，即可從手法上控制袖邊的鬆緊。

可愛頭巾

材料：粗蠟筆線

工具：直徑0.5mm鉤針

尺寸：(公分) 長50　寬30

用量：150g

密度：14針X8行=10平方公分

編織說明：

用粗線粗鉤針依照圖示鉤花紋，分別在兩側鉤1行減1個完整花紋，減完後，在兩個斜邊鉤好花邊，兩角鉤好帶子。

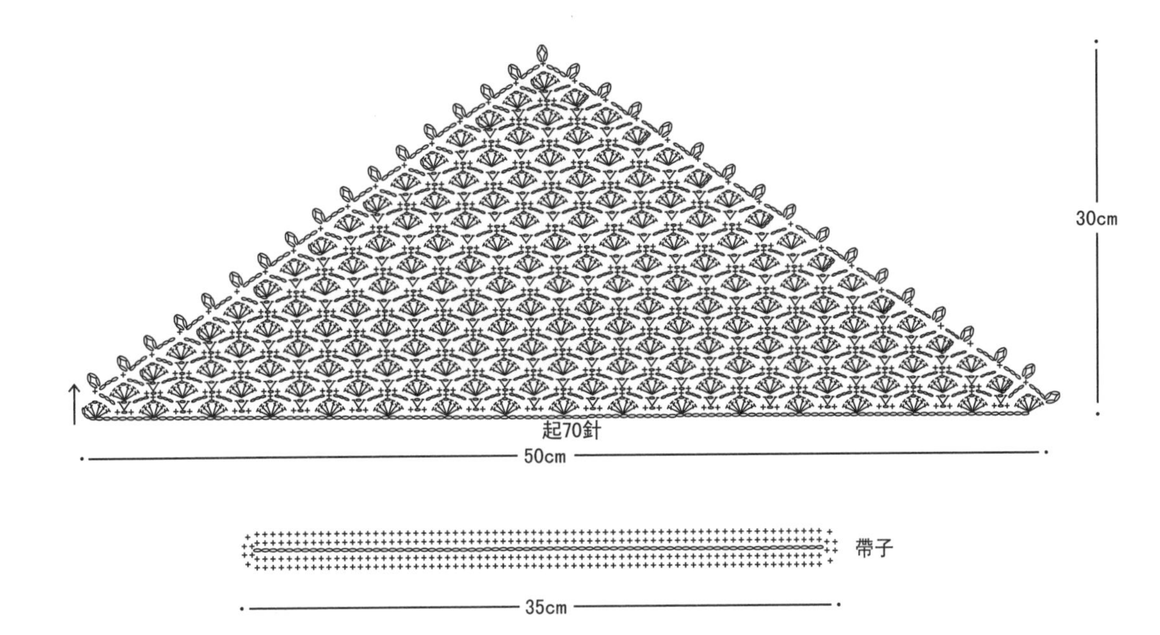

編織步驟：

1. 用0.5mm鉤針起70針依照圖示鉤花紋，每行分別在兩側減一個完整花紋。
2. 在頭巾的兩個長邊鉤1行花邊。並鉤兩條35公分的短針帶子。

頭巾的兩角也可以繫同色線鉤的小繩或是較細的帶子。

風尚肚兜

材料：純毛粗線　　**用量：**200g
工具：6號針　　**密度：**20針X24行=10平方公分
尺寸：(公分) 以實物為準

編織說明：

起較多針目織片，從中間和兩側分別規律減針後自然形成肚兜形狀，分別在頸部及後背繫好小繩。

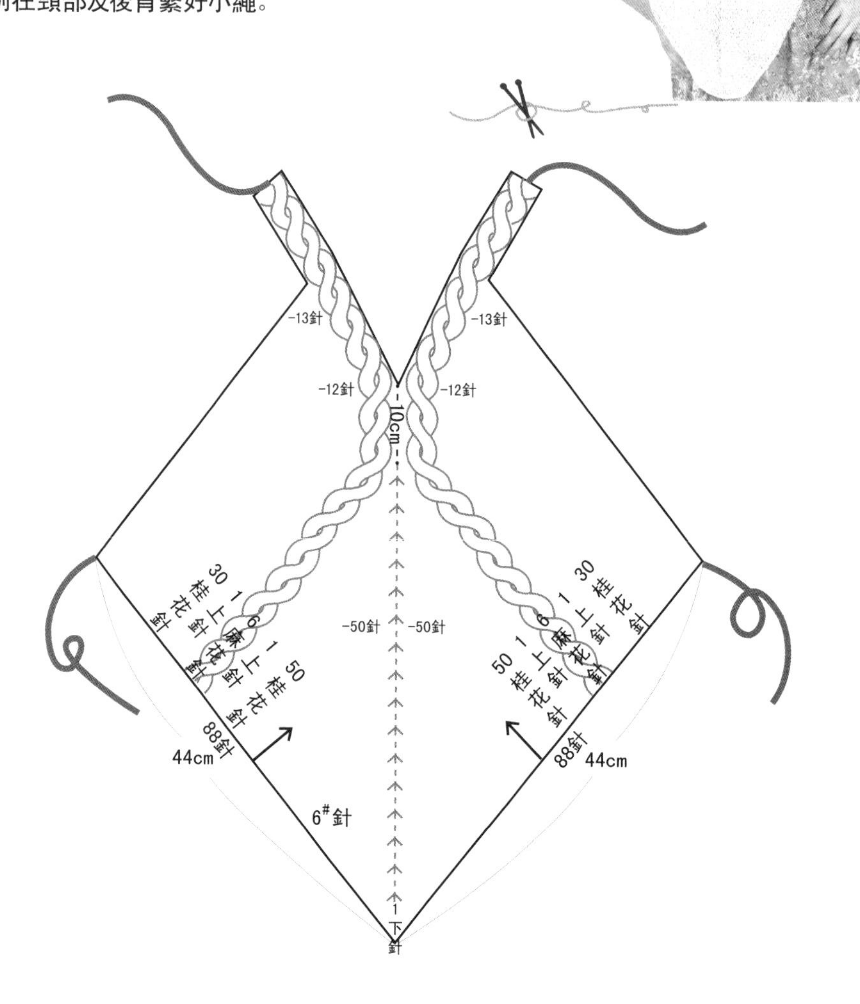

整體排花：

					正中					
30	1	6	1	50	1	50	1	6	1	30
桂花針	上針	麻花針	上針	桂花針	下針	桂花針	上針	麻花針	上針	桂花針

編織步驟：

1. 用6號針起177針按排花織5行。
2. 其它針法不變，只在正中的1針處隔1行3針併1針，併50次，減掉中間所有桂花針。
3. 減針使兩組麻花針相遇，向上直織10公分後，分別在麻花的外側減針，隔1行減1針減12次。
4. 兩組麻花分開織形成領口，麻花的外側依然按規律減針，隔1行減1針減13次，減至餘4針桂花針時向上再平織4公分後平收，繫好頸繩和後背的小繩。
5. 在肚兜四邊鉤1行短針以保持邊緣整齊。

使用針法：

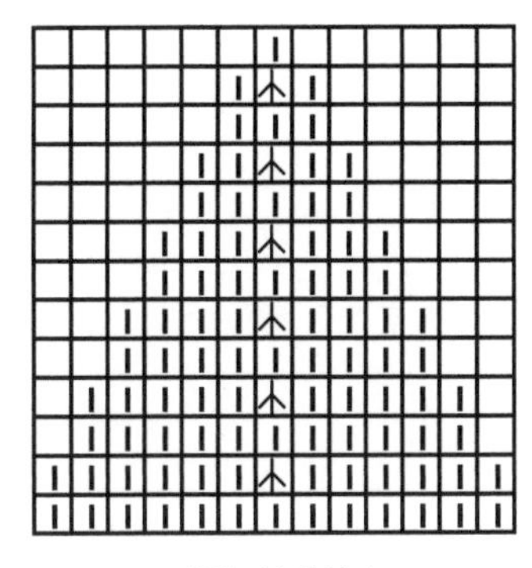

3針併1針減針法

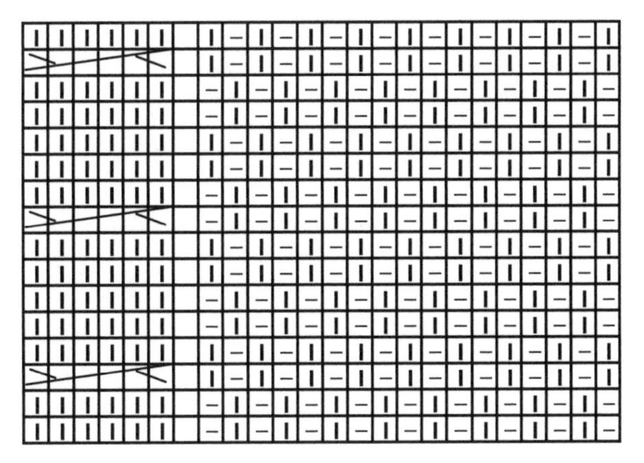

編織圖

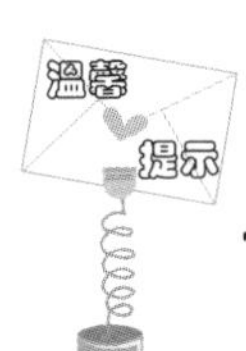

為避免下襬過尖，可以向上多織幾行後再開始規律減針。

knitting

溫暖小麥色圍巾

材料：羽毛線
工具：5.0鉤針
尺寸：（公分）圍巾長140
用量：200g
密度：14針X8行=10平方公分

編織說明：

依照圖示鉤140公分長的圍巾，並在兩頭繫好流蘇。

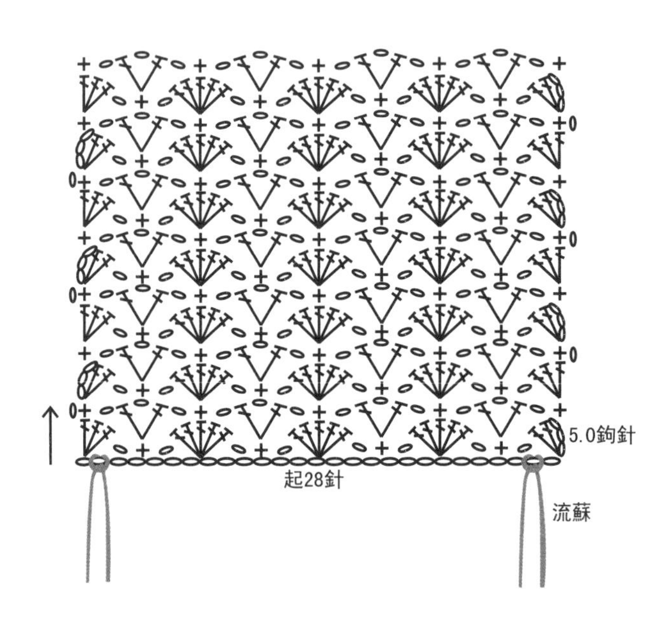

編織步驟：

1 用5.0鉤針起28針鎖針依照圖示鉤140公分。
2 如圖所示繫好流蘇。

鉤針編織的特點是可以利用手法的鬆緊來決定織物的尺寸和柔軟度，手勁略鬆一些，織物蓬鬆並有質感。

花蕾披肩

材料： 純毛粗線　　**用量：** 175g

工具： 6號針　8號針　　**密度：** 22針X24行=10平方公分

尺寸： (公分) 披肩周長83　寬24

編織說明：

從下向上環織，先織扭針單羅紋再織花紋，最後織扭針單羅紋鬆收彈性邊。

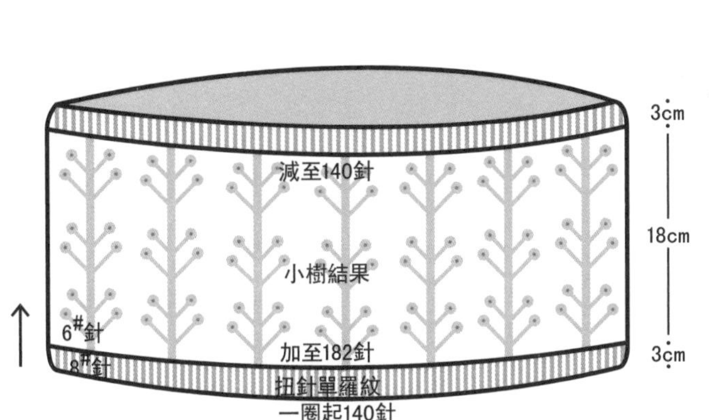

使用針法：

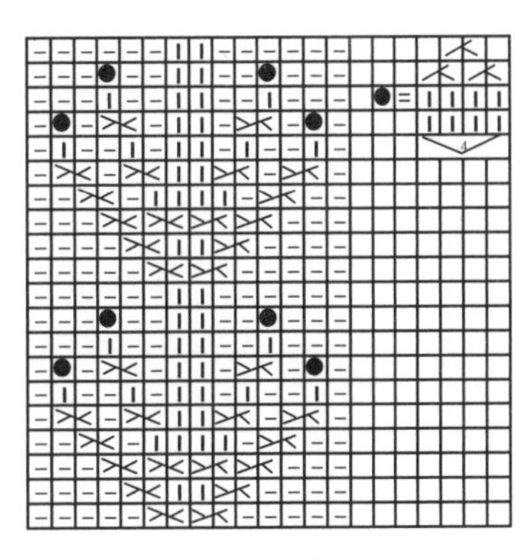

小樹編織圖

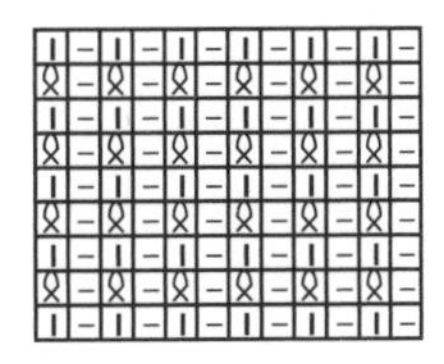

扭針單羅紋

編織步驟：

1. 用8號針起140針環形織3公分扭針單羅紋。
2. 換6號針加至182針按花紋織18公分。
3. 換8號針減至140針織3公分扭針單羅紋，鬆收彈性邊。

所有羅紋收針避免過緊，否則彈性不夠，穿著不舒適。

可愛彩虹帽

材料：純毛粗線　　**用量：**115g
工具：5.0鉤針　　**密度：**16針X18行=10平方公分
尺寸：（公分）帽高42　帽圍55

編織說明：

按顏色鉤環形短針，除紅色外，每個顏色鉤7公分，至藏藍色時將所有針目均分8份，隔3行在每份內減1針，繫好球球。然後再回到起針處，用紅色線鉤3公分，補齊紅色的7公分寬度並鉤好護耳，繫好毛線編好辮子。

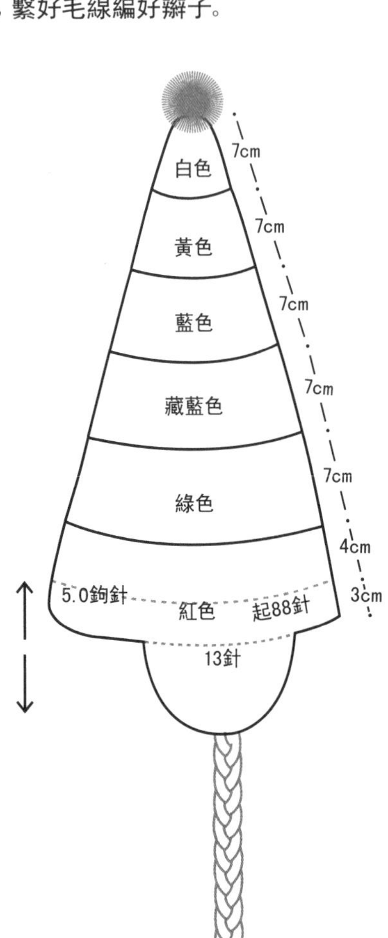

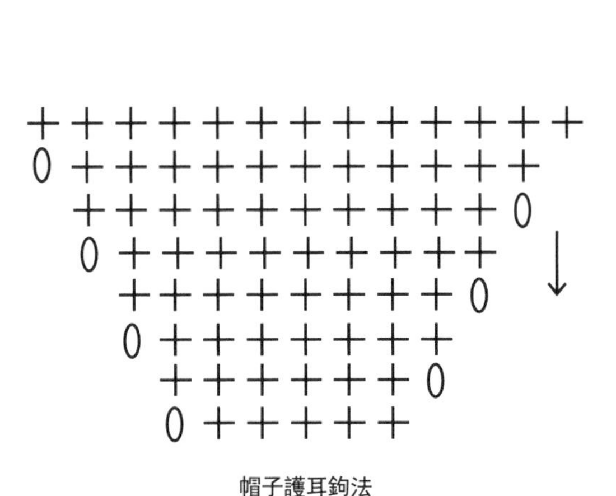

帽子護耳鉤法

編織步驟：

1. 用5.0鉤針起88針鎖針用紅色線鉤4公分短針形成環狀。
2. 改用綠色線鉤7公分短針。
3. 換藏藍色線鉤7公分短針，並將一圈88針平均分8份，每份隔3行減1針，一圈共減8針，並每隔7公分換一種顏色，最後餘8針時，串入一根線內，從裏邊拉緊，並繫好球球。
4. 從帽邊起針處向下環鉤3公分短針後，從護耳處取13針往返鉤8行，並在13針的兩側隔1行減1針，餘7針時沿整個帽底邊鉤2行短針輪廓邊。
5. 取一股毛線繫在護耳處，按編辮子的方法編25公分長，繫好辮梢並剪齊辮穗。

使用針法：

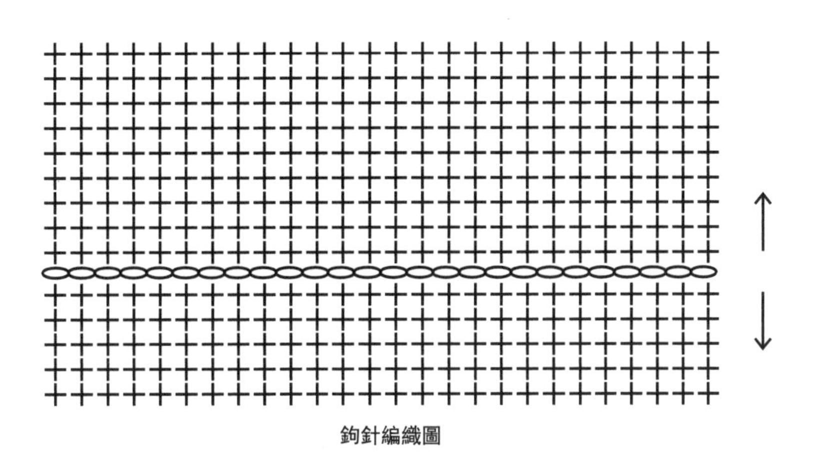

鉤針編織圖

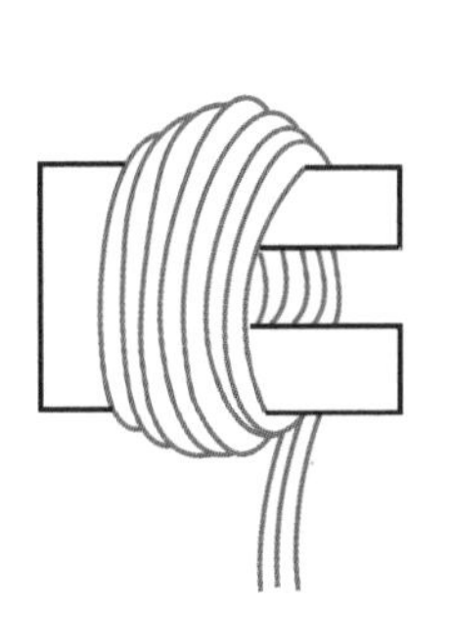

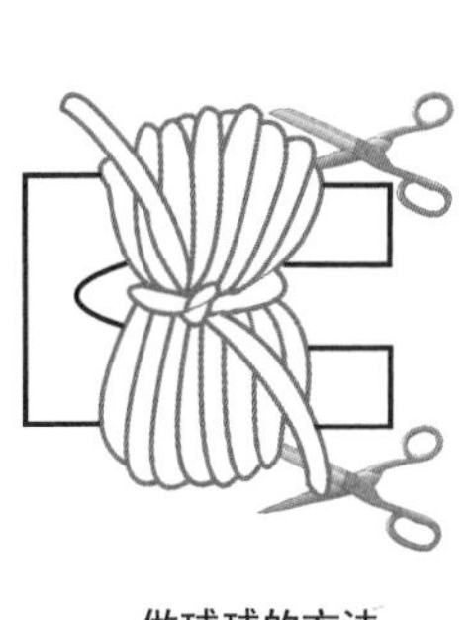

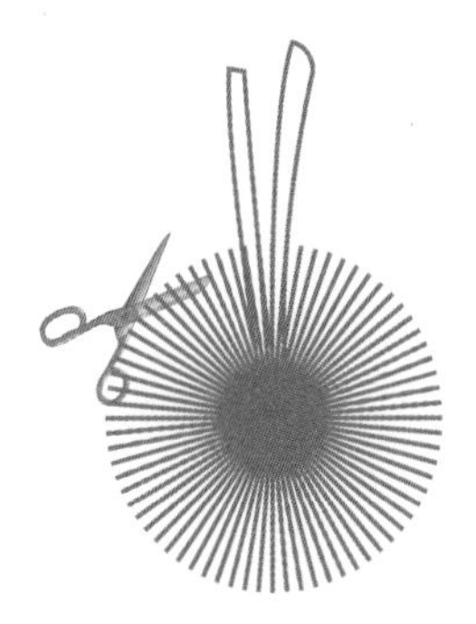

做球球的方法

做球球時繞不同顏色的線，可以做出彩色的球球。

knitting

鯊魚手套

材料：純毛粗線　　**用量：**75g

工具：8號針　3.0鉤針　　**密度：**18針X24行=10平方公分

尺寸：（公分）長21　掌圍20

編織說明：

從手套開口處起針環織，大拇指處改織片，形成開口，然後合針環織，在手套的兩邊減針後，餘針平收。開口處挑織。

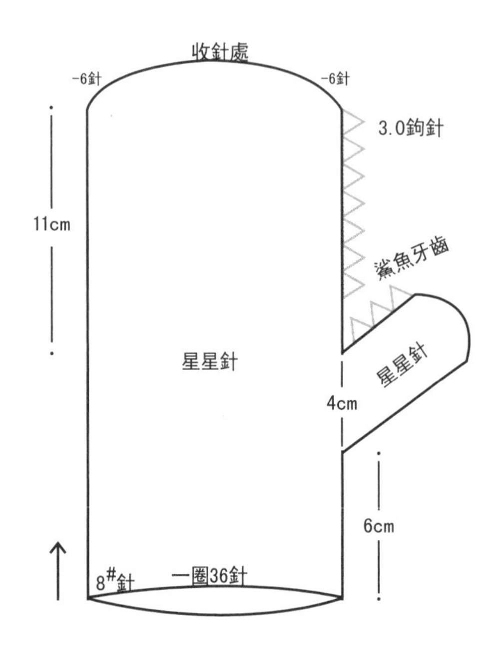

使用針法：

鯊魚牙齒鉤法

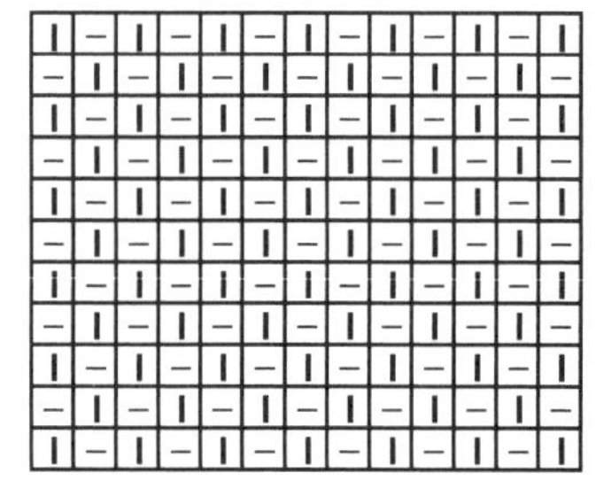

星星針

編織步驟：

1. 用8號針起36針環形織6公分星星針。
2. 不換針往返織4公分後，再合圈織11公分，在兩側每行收2針，收3次，餘針平收。
3. 開口的4公分為大拇指位置，在最下方挑出4針，隔1行分別在4針的左右挑加1針，以連接大拇指和開口，兩側加4次達到12針後，合圈向上織4公分，把所有針目從內側串起拉緊。
4. 在邊沿用白線鉤一行小邊，形成鯊魚的牙齒。

星星針容易漲針，彈性又小，所以不要起過多針。

街頭前衛帽

材料：純毛粗線　　**用量：**75g

工具：6號針　8號針　　**密度：**20針X24行=10平方公分

尺寸：(公分) 周長40　帽高18

編織說明：

織一頂普通帽子，正中的8針是綿羊圈圈針，至帽頂減針時，把8針改織一樣的下針，完成減針後，再挑出8針織綿羊圈圈針並固定好。

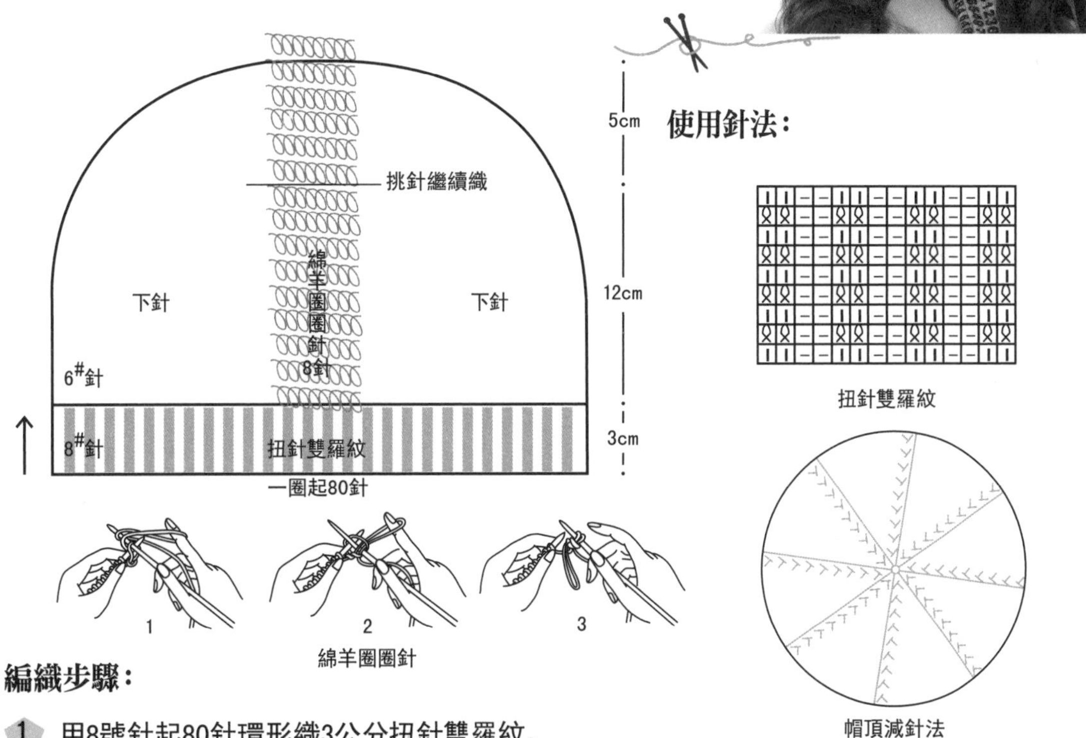

編織步驟：

1. 用8號針起80針環形織3公分扭針雙羅紋。
2. 換6號針改織下針，其中8針織綿羊圈圈針，另70針織下針，共織12公分高。
3. 將80針改為下針，每圈均勻減8針，減9次後，餘8針串入長線，從內部拉緊繫好。
4. 原來的8針綿羊圈圈針在開始減針的位置平挑，按原來針法織15公分，收平邊，並固定在帽子上。

溫馨提示

這款帽子織緊一些比較好看，不用起太多針，頭圍57公分起80針。

knitting

樹葉花套頭披肩

材料：中粗線
工具：6號針
尺寸：（公分）以實物為準
用量：175g
密度：20針X24行=10平方公分

編織說明：

從下向上織，在花紋的自然紋理內無痕減針，形成下寬上窄的披肩效果。

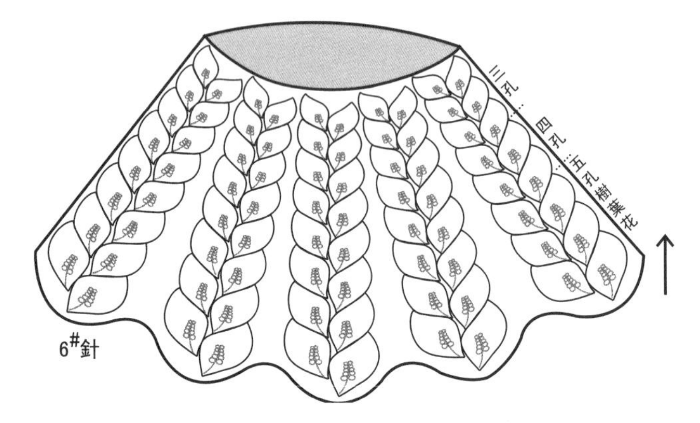

使用針法：

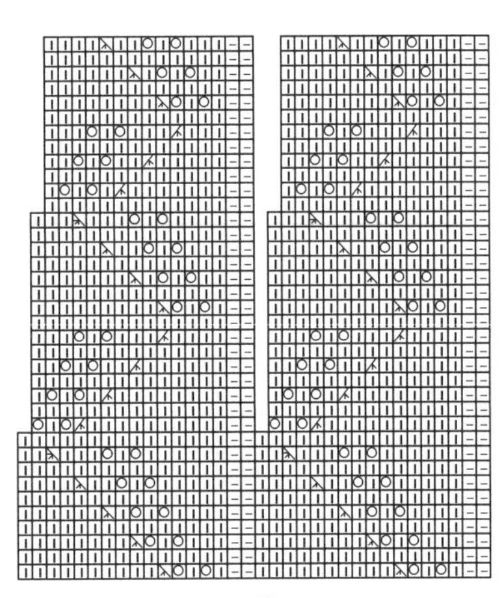

編織圖

編織步驟：

1. 用6號針繞起170針織3排五孔的樹葉花，約20公分，織成環狀。
2. 在花紋內無痕減針，使之變為四孔樹葉花，織2排花紋，約10公分。
3. 再減針，織三孔樹葉花，3排花紋，15公分左右，之後鬆收平邊。

在花紋內的下針組減針，紋理不會被破壞，外觀也比較精緻完美。

knitting

多情法國帽

材料：純毛粗線　　**用量：**100g
工具：6號針　8號針　　**密度：**16針X24行=10平方公分
尺寸：（公分）帽高20　帽圍56

編織說明：

從下邊起針織扭針單羅紋，換粗針後改織花紋，織到圖解中的長度後，在花紋內規律減針，一圈減6針，最後餘12針串起繫好。

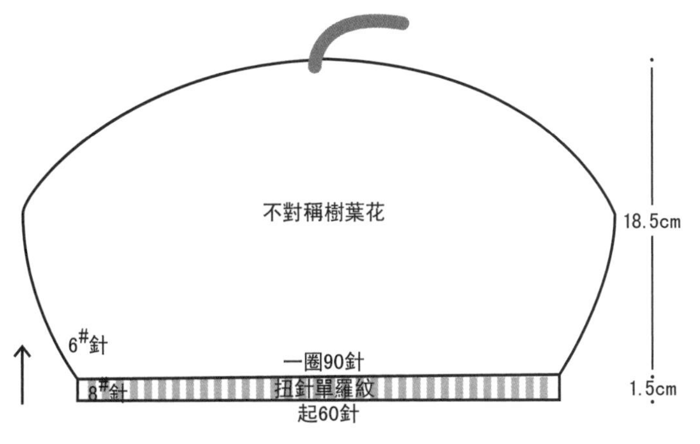

使用針法：

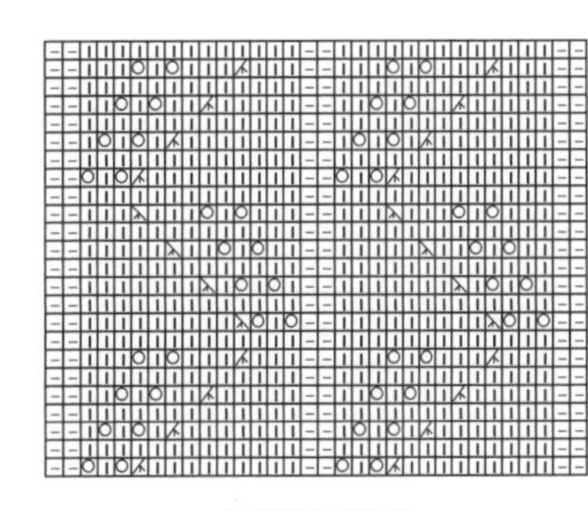

不對稱樹葉花

編織步驟：

1. 用8號針起60針織1.5公分扭針單羅紋。
2. 換6號針加至90針織兩個完整的不對稱樹葉花，大約14公分。
3. 在6組花紋內，隔1行減1針，一圈共減6針，減13次，餘12針串入一根線從內部拉緊繫好。
4. 鉤一根短繩，繫在帽中央。

法國帽的特點是口緊而帽體比較鬆，所以起針不用過多，而且繞起針的彈性大，配戴時不會很緊。

長靴腿套

材料： 純毛粗線　　**用量：** 150g

工具： 6號針　8號針　　**密度：** 20針X24行=10平方公分

尺寸：（公分）腿套長24

編織說明：

　　從下向上織一個直筒，不加減針，開始織綿羊圈圈針，然後改織下針。

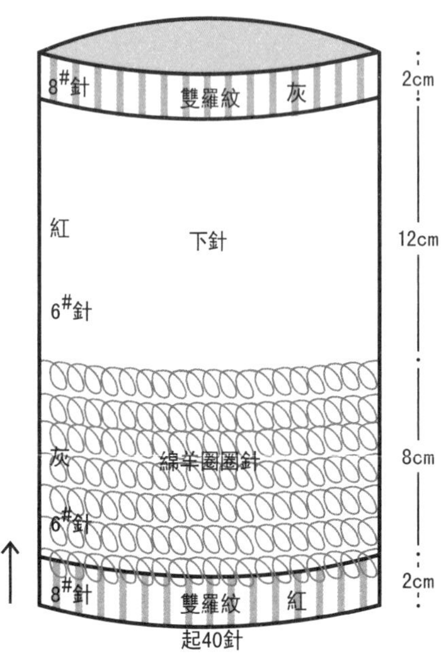

使用針法：

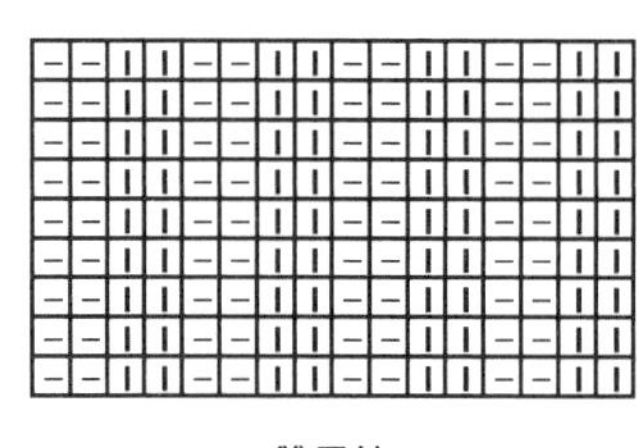

雙羅紋

編織步驟：

1. 用8號針起40針環形織2公分雙羅紋。
2. 換6號針織8公分綿羊圈圈針。
3. 不換針改織12公分下針。
4. 換8號針改織2公分雙羅紋，收雙彈性邊。

提示　腿套可以根據靴子的長短來調節上下位置。

性感長筒繫帶襪

材料：純毛粗線　**用量：**150g
工具：6號針　8號針　3.0鉤針　**密度：**20針X25行=10平方公分
尺寸：(公分) 襪腿長64

編織說明：

從大腿開始向下織一個長筒，到腳跟時再換細針並減針，最後織扭針雙羅紋收彈性邊。

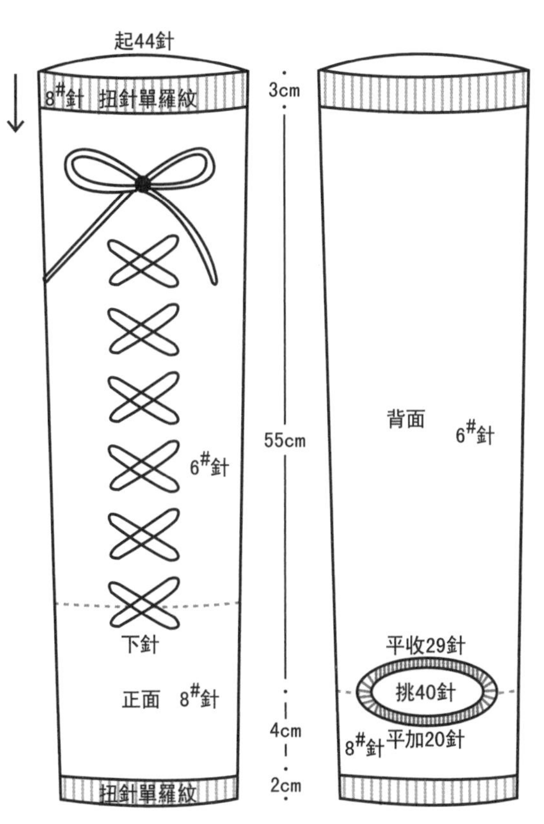

編織步驟：

1. 用8號針起44針環形織3公分扭針單羅紋。
2. 換6號針改織55公分下針。
3. 換8號針，平收24針，第2行到這位置時再平加出20針，一圈合成40針後織4公分下針，再改針織2公分扭針單羅紋，收彈性邊。
4. 從開口處挑出40針織2公分扭針雙羅紋，收彈性邊。
5. 用鉤針鉤一條180公分的長繩，像繫鞋帶一樣串入自然的針孔內，由下至上，繫在大腿處。

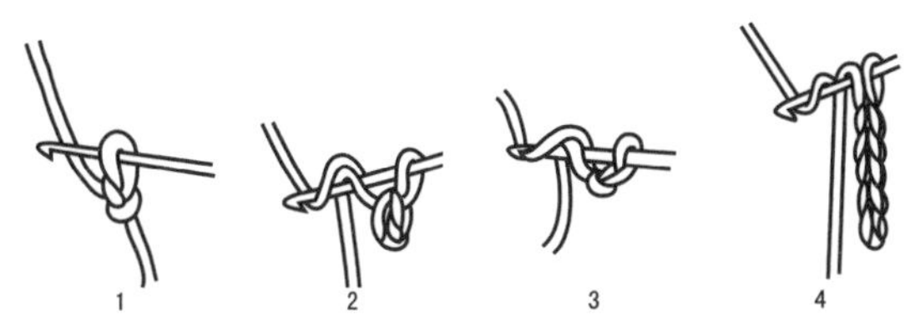

繩子的鉤織方法

溫馨提示

襪子從大腿處織是因為起針處有很大的彈性，如果從腳面開始織，收針時的鬆緊度不好把握。

紅運帽

材料：純毛粗線　　**用量：**100g
工具：6號針　8號針　　**密度：**20針X24行=10平方公分
尺寸：（公分）帽高19　帽圍40

編織說明：

帽子一圈由三組花紋組成，從下緣起針用細針織羅紋邊，換粗針後加至花紋編織所需針目向上織，帽頂減針時，每圈平均減6針，餘針串入線內拉緊繫好。

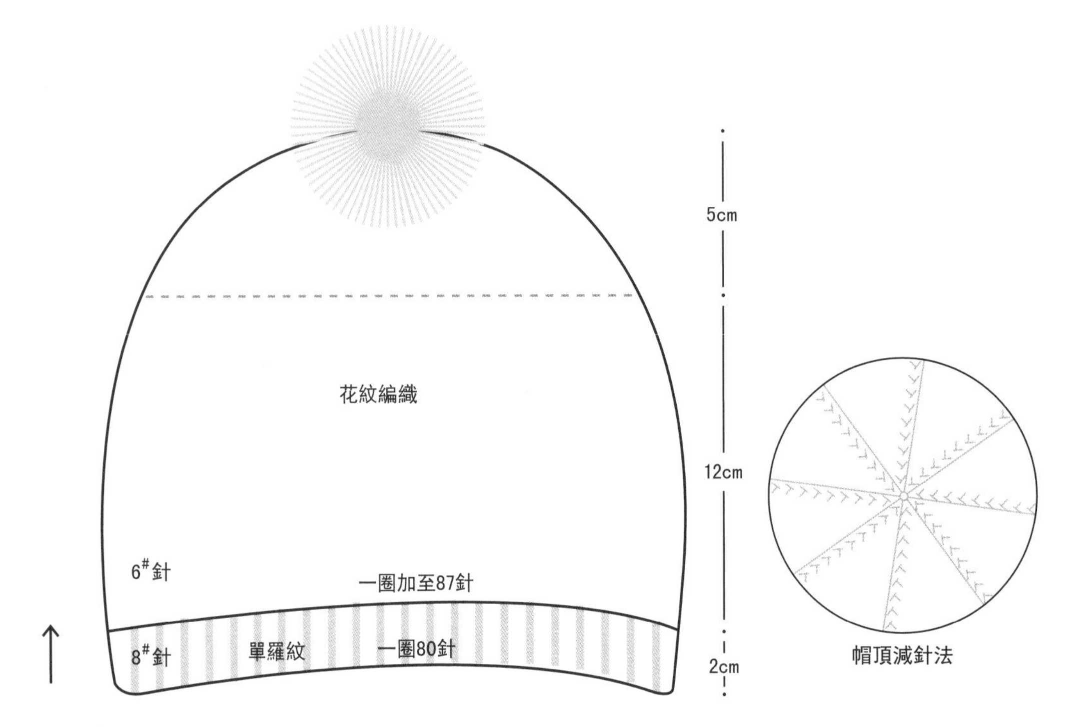

編織步驟：

1. 用8號針起80針環形織2公分單羅紋。
2. 換6號針加至87針織花紋編織，共三組完整花紋，每組29針。
3. 織完花紋編織後，約12公分時，開始帽頂減針。
4. 每圈平均減6針，隔1行減一次，餘針不足10針時，用一根線串起，從內部拉緊繫好，並把做好的球球繫在帽頂上。

使用針法：

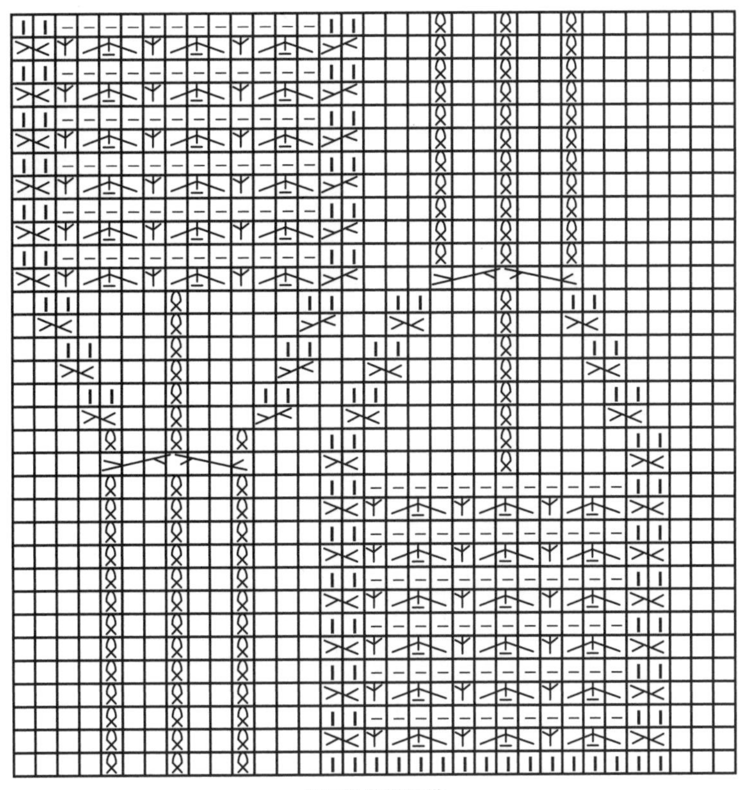

帽子的花樣編織

單羅紋

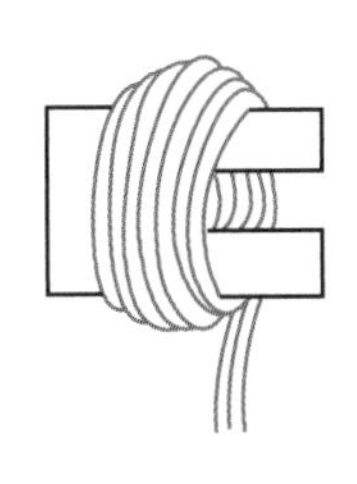

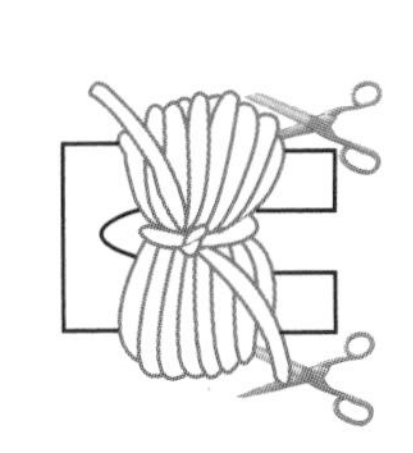

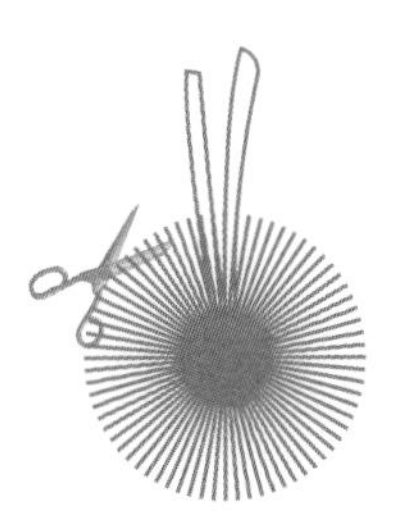

做球球方法

帽頂減針時，如果是平帽頂，通常把所有針目均分8份，隔1行在每份內減1針，一圈共減8針；而尖帽頂通常分6份，隔1行每圈內只減6針。

配靴長襪

材料：純毛粗線　　**用量：**200g
工具：6號針　8號針　　**密度：**20針X25行=10平方公分
尺寸：(公分) 襪腿長39

編織說明：

不加減針織一個長筒，在相應位置平收針後，再平加出原有針目，開口是後腳跟，最後再挑織；合針後向上織相應長度，按花紋織球球，最後織扭針單羅紋收彈性邊。

使用針法：

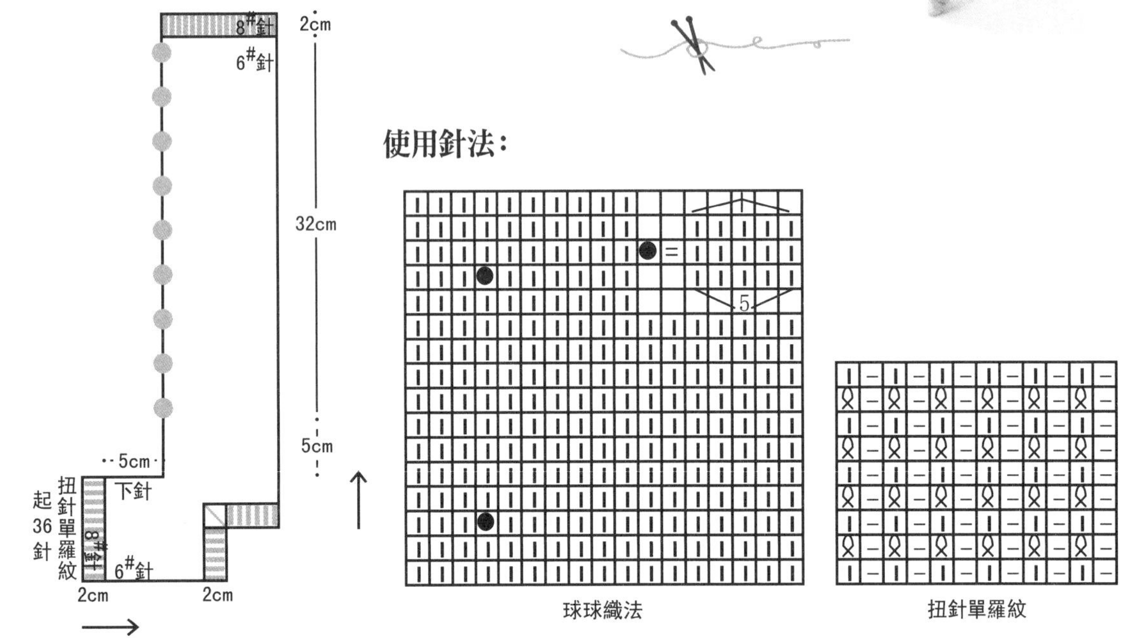

球球織法
扭針單羅紋

編織步驟：

1. 用8號針起36針環形織2公分扭針單羅紋。
2. 換6號針改織5公分下針，取18針平收，第2行時，在平收的位置再平加出18針，合成36針繼續環形織5公分。
3. 在小腿正中位置依照圖示織球球，至32公分時，改用8號針織2公分扭針單羅紋，鬆收彈性邊。
4. 平收和平加針的位置形成的開口是後腳跟，在此處用8號針挑出40針環形織2公分扭針單羅紋，鬆收彈性邊。

溫馨提示

織小球球時，最後的收針要拉緊線，球球才會呈圓滾滾立體狀。

長袖手套

材料：純毛粗線
工具：6號針　8號針
尺寸：（公分）長35　掌圍20
用量：125g
密度：18針X24行=10平方公分

編織說明：

從手套的開口處開始編織，到大拇指處平留後，再平加出原來的針目，向上織相應長度後改織雙羅紋。形成的開口最後挑針環織下針。

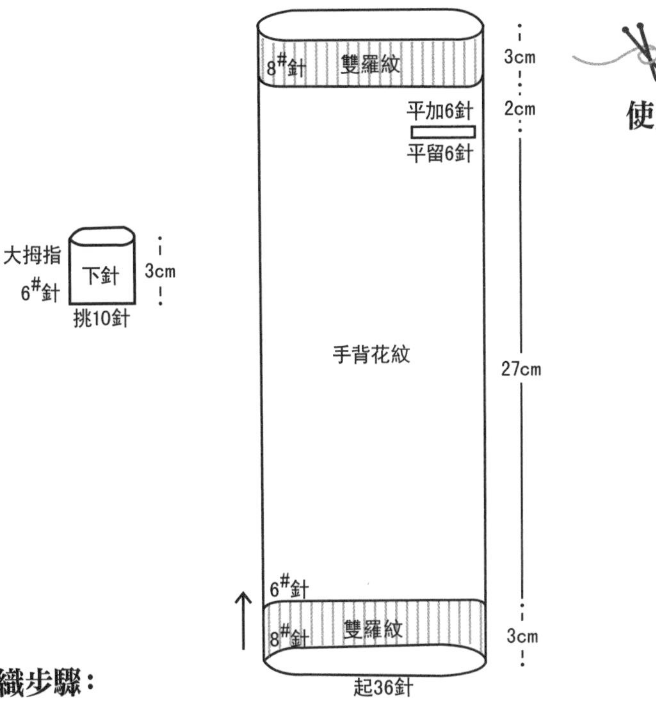

使用針法：

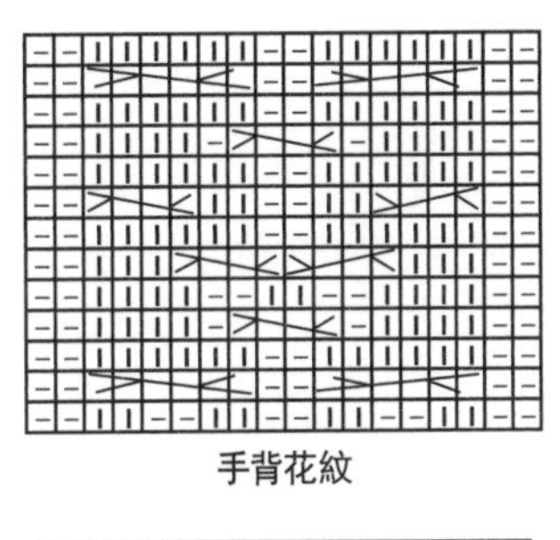

手背花紋

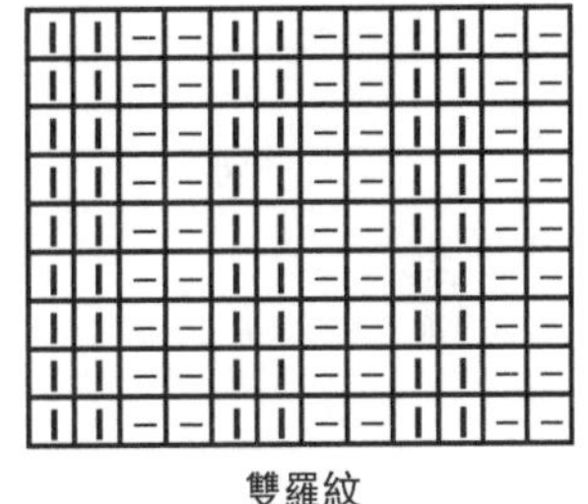

雙羅紋

編織步驟：

1. 用8號針起36針環形織3公分雙羅紋。
2. 換6號針按照花紋織27公分長。
3. 平留6針後，第2行到這一位置後再平加出6針，合成36針繼續向上織2公分後，換8號針織3公分雙羅紋，收平邊。
4. 從拇指開口處挑出10針環形織3公分下針，收平邊。

手指位置如果收彈性邊會變得鬆散，只有收平邊才會緊密有型。

花朵背心

材料：純毛粗線
用量：200g
工具：5.0鉤針
密度：16針X10行=10平方公分
尺寸：(公分) 以實物為準

編織說明：

依照圖示鉤兩朵大花，再鉤短針帶子，分別連接花朵。依照要求縫合後，環形鉤下襬的網紋針。

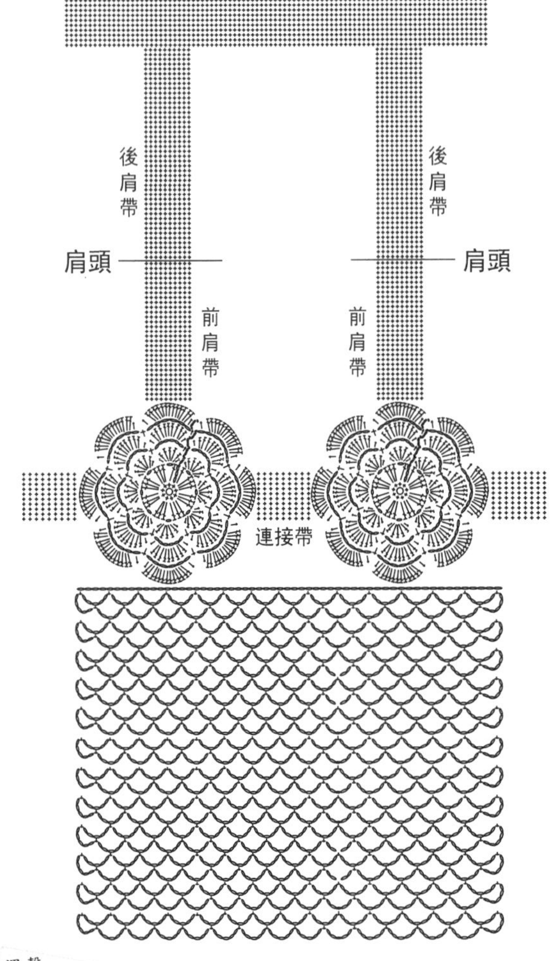

編織步驟：

1. 用5.0鉤針依照圖示鉤兩個花朵和相連接的帶子。
2. 依照圖示縫合帶子與花朵後，在胸衣的下緣，用5.0鉤針鉤網紋。

溫馨提示

為維持花朵的外觀生動，要把肩帶縫合在花瓣下邊而不是花瓣上。

彩虹背心

材料：純毛粗線　　**用量：**200g
工具：6號針　　**密度：**20針X24行=10平方公分
尺寸：(公分) 以實物為準

編織說明：

從後背中心起針，在8個加針點隔1行加1針，加至最後一個顏色。色彩從紅至紫共7色。另起針織一條長圍巾，邊織邊與圓片比對，能繞一周時收針並對頭縫合，內邊與圓片縫合，留出開口是袖口。

使用針法：

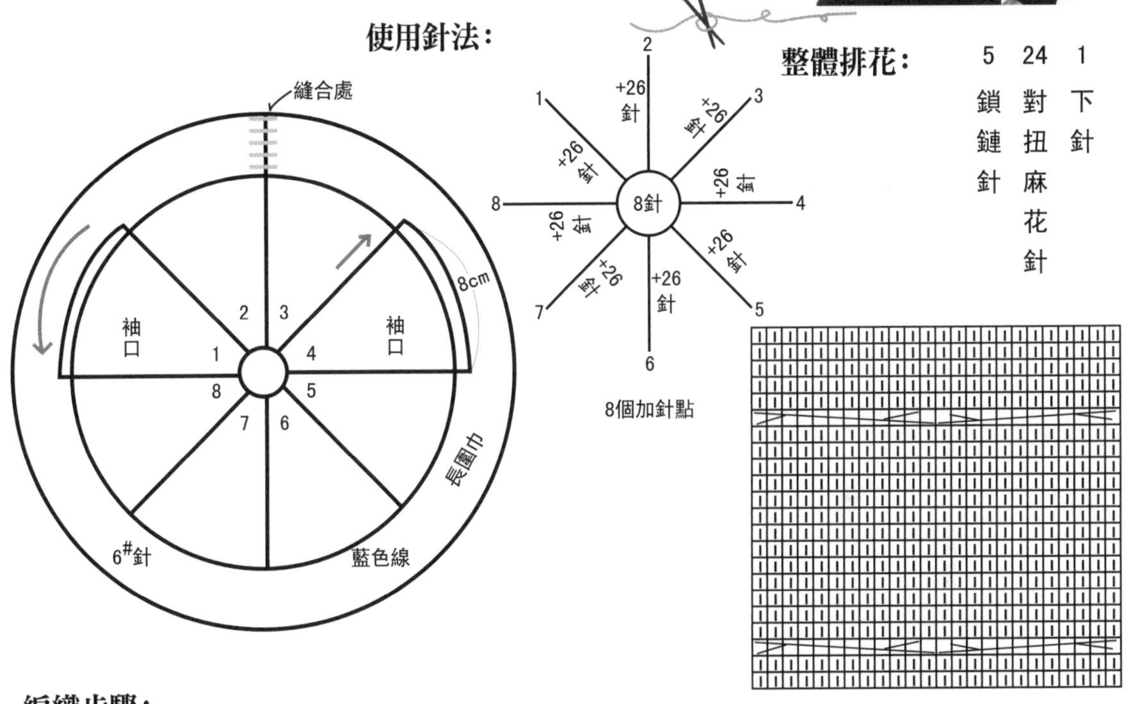

編織步驟：

1. 用6號針從圓形的正中起8針織下針，將8針分成8組，每組1針，隔1行分別在每組的固定位置加1針，一圈共加8針，每組內加26針。每個顏色織3公分。從紅色開始，到紫色結束共7色，紫色織雙羅紋，收雙彈性邊。形成一個7色的圓片。
2. 用藍色線起30針按排花織一條長圍巾，能圍圓片一周的長度，對頭縫合後再與圓片縫合，兩側留出18公分袖口位置不縫。

由於下針做邊緣會捲邊，所以最後一圈紫色要改織雙羅紋。

雙色迷你背心

材料：純毛粗線　　**用量：**200g
工具：6號針　　**密度：**30針X24行=10平方公分
尺寸：（公分）以實物為準

編織說明：

織一個長方形的扭針雙羅紋片，用兩種顏色毛線，在上、下相應位置縫合，開口形成袖口。

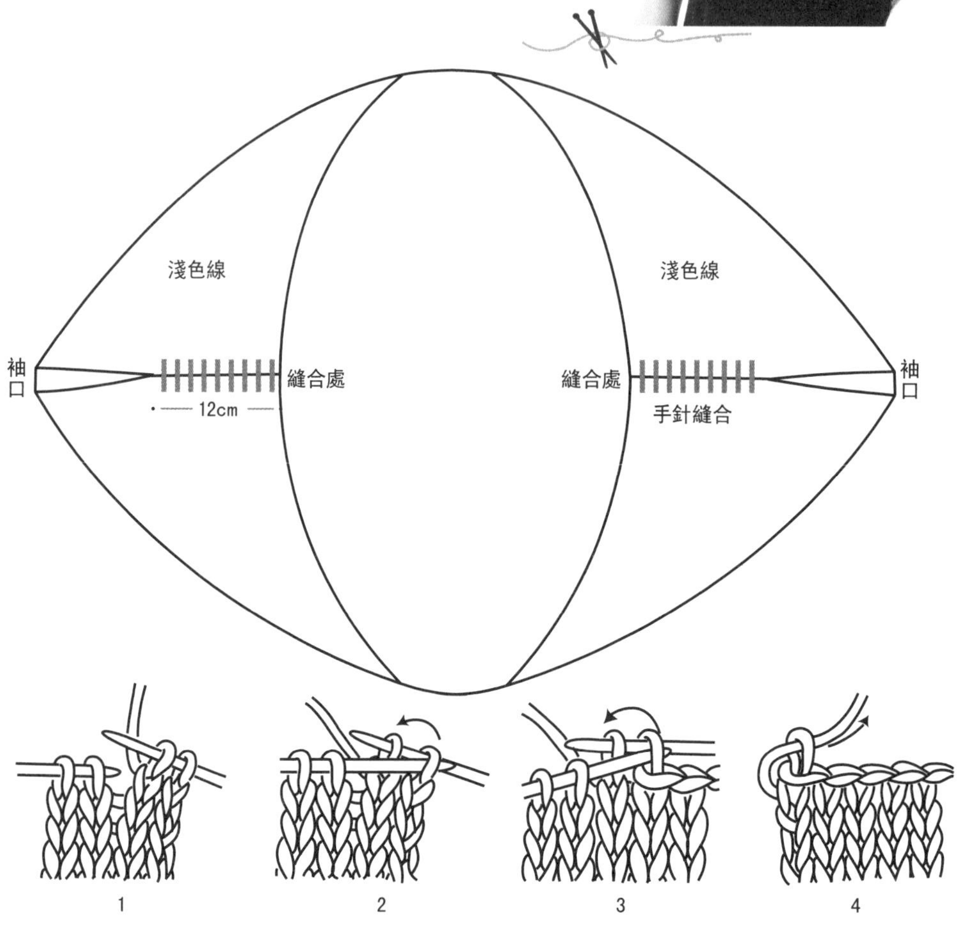

平收針方法

編織步驟：

1. 用6號針淺色線起100針往返織扭針雙羅紋，邊針安排3下針，織12公分。
2. 換深色線再織36公分。
3. 對摺按相同字母縫合上下各12公分，開口處未縫合的為袖口。

a b
深色線
36cm
領子 a 3下針 扭針雙羅紋 淺色線 3下針 b 12cm
整片起100針

使用針法：

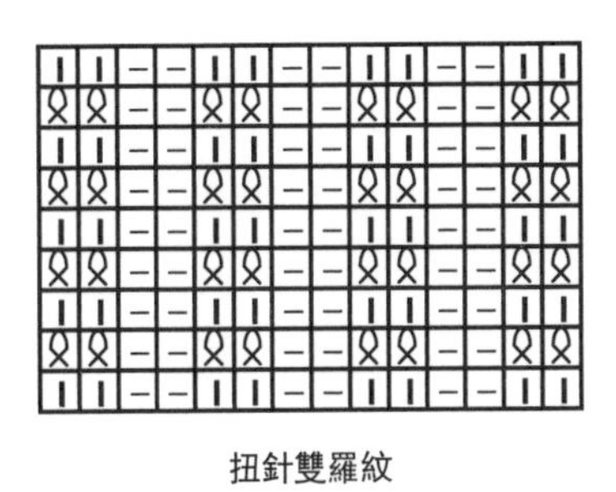

扭針雙羅紋

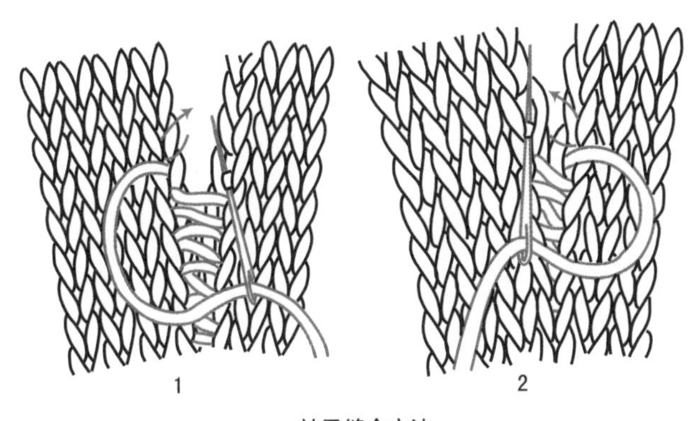

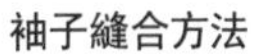
袖子縫合方法

羅紋彈性很大，不用起過多針。

公主繫帶帽

材料：純毛粗線　　**用量：**100g

工具：6號針　5.0鉤針　　**密度：**24針X26行=10平方公分

尺寸：(公分)以實物為準

編織說明：

織一個帶麻花邊的長方形，對摺縫合後，繫好小繩和花朵。

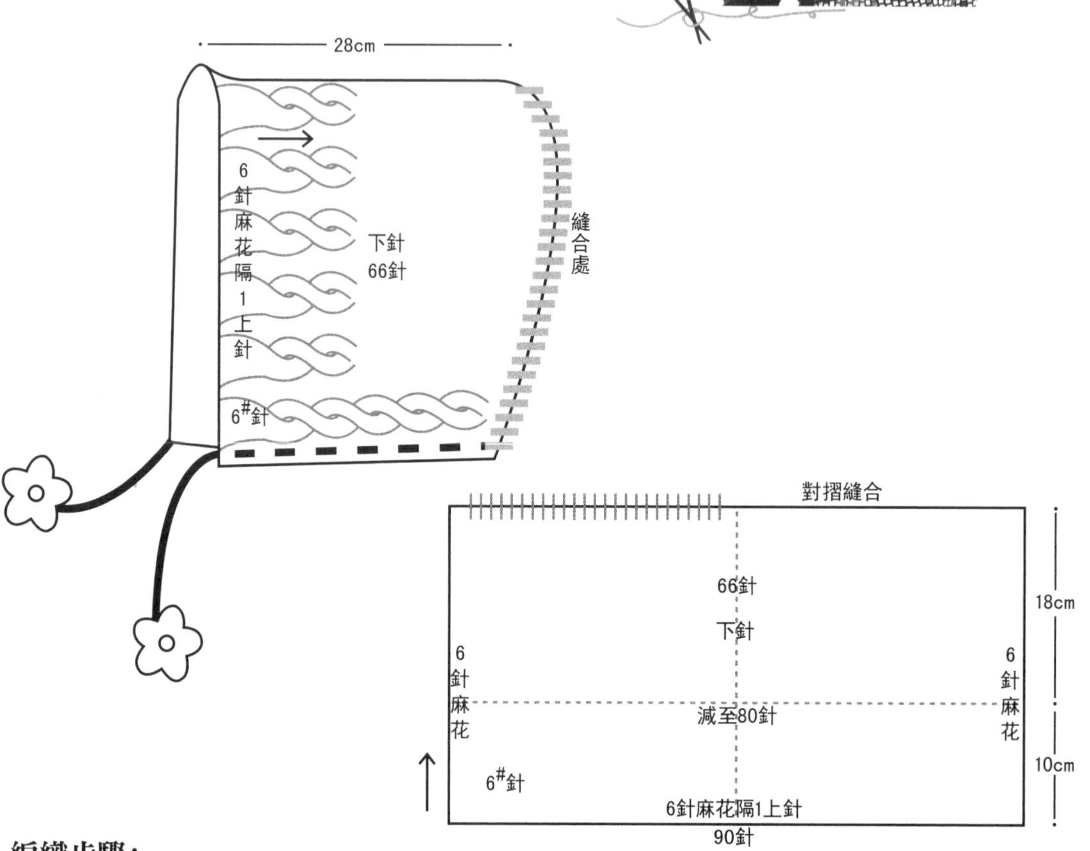

編織步驟：

1. 用6號針起90針，往返織6針麻花隔1上針，第8行扭針。
2. 完成三次扭針，約10公分後，一次減至80針，兩側的6針麻花1上針保留，按規律向上織，中間的66針改織下針。
3. 總長度至28公分時，對摺從內部縫合。
4. 鉤好小繩和花朵串入並繫在兩側。

使用針法：

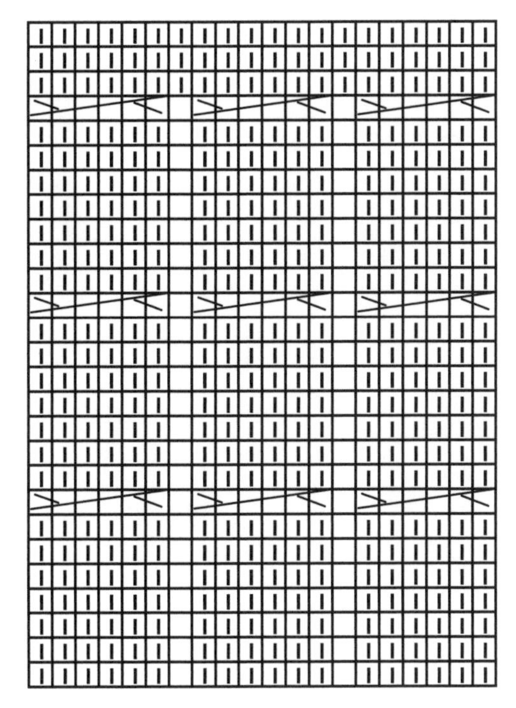

帽邊麻花織法

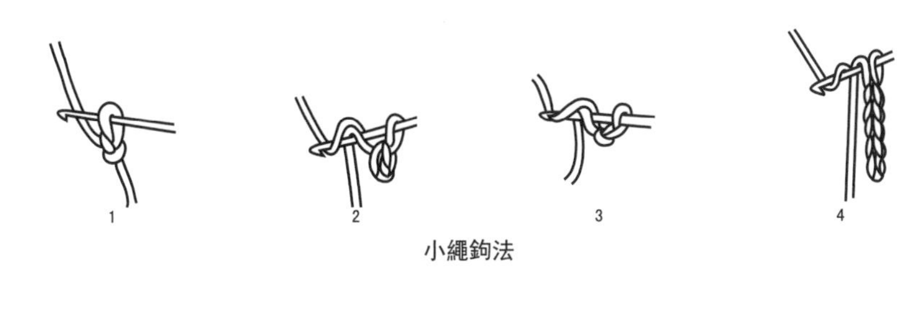

小繩鉤法

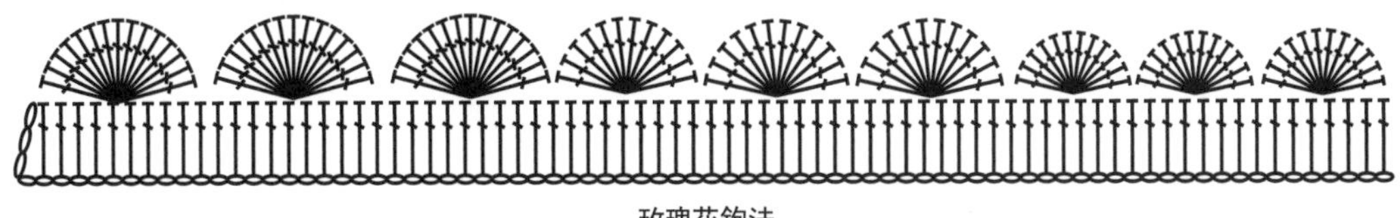

玫瑰花鉤法

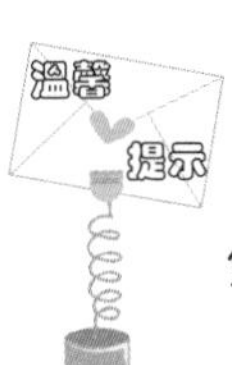

織完帽邊之後減針時，兩側的麻花不用減，按規律第8行扭針，邊針挑下不織。

knitting

玫瑰鏤空背心

材料：中粗線　　**用量：**200g
工具：3.0鉤針　　**尺寸：**(公分) 長度50

編織說明：

鉤50朵玫瑰花，分別縫在10根長繩上，最後把玫瑰串分別固定於領部和腰部的長繩上。

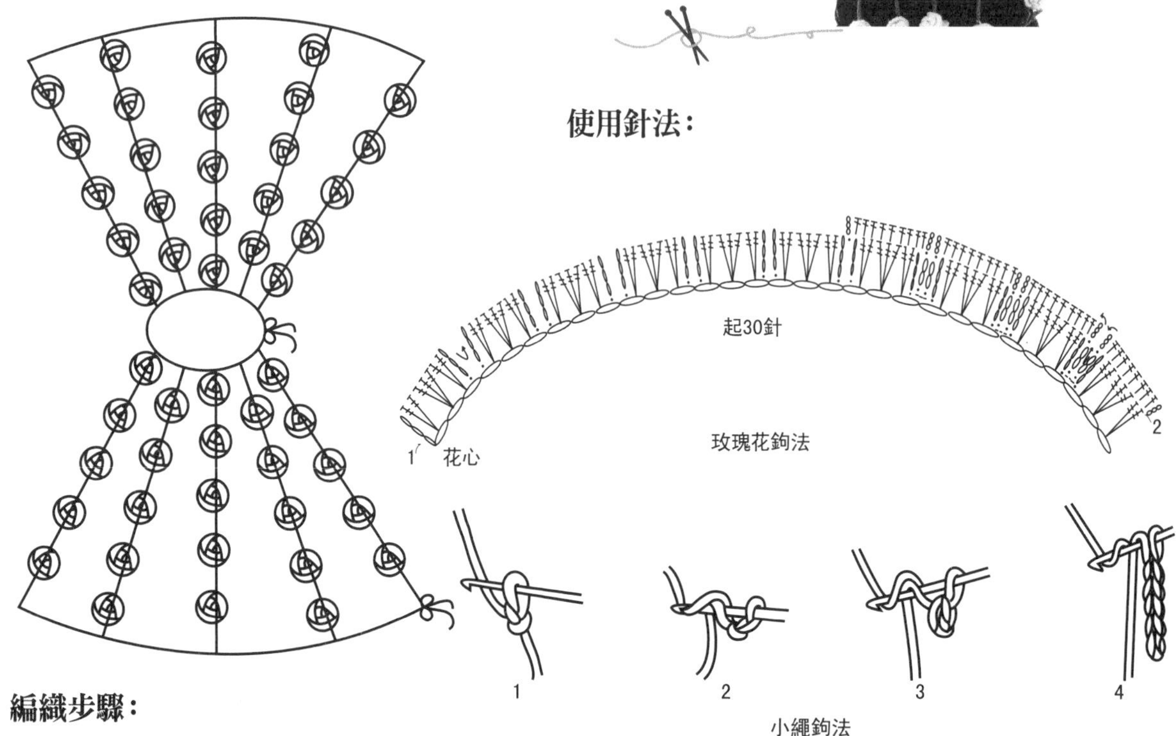

編織步驟：

1. 用3.0鉤針依照圖示鉤50朵玫瑰花和50公分長的10根繩子。
2. 依照圖示交錯排列縫合花朵與繩子。
3. 領部鉤一根60公分的長繩固定10根花朵串。
4. 腰部鉤一根130公分的長繩固定花朵串的另一端。

溫馨提示

如果有一點鉤針的基礎，可以先鉤好繩子，鉤花朵時可以順便與繩子固定，就不會留下痕跡，新手可以先鉤花朵和繩子，最後繫好，但會有一些線頭。

花影公主手套

材料：純毛線　　**用量：**125g
工具：8號針　3.0鉤針　　**密度：**20針X25行=10平方公分
尺寸：（公分）長40

編織說明：

起相應針目環形織長筒，不加減針，收針後鉤一段鎖針繩做指套。

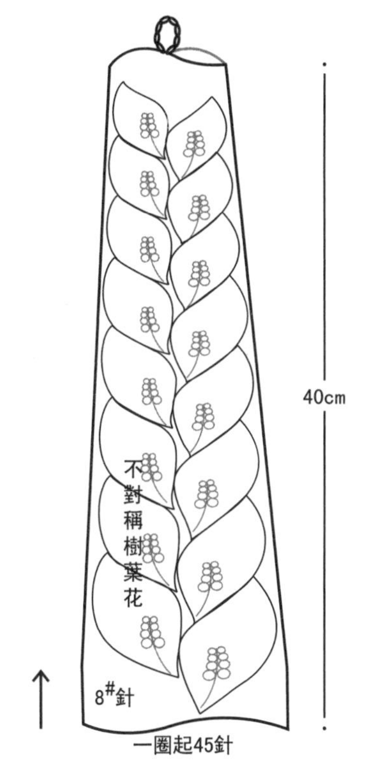

使用針法：

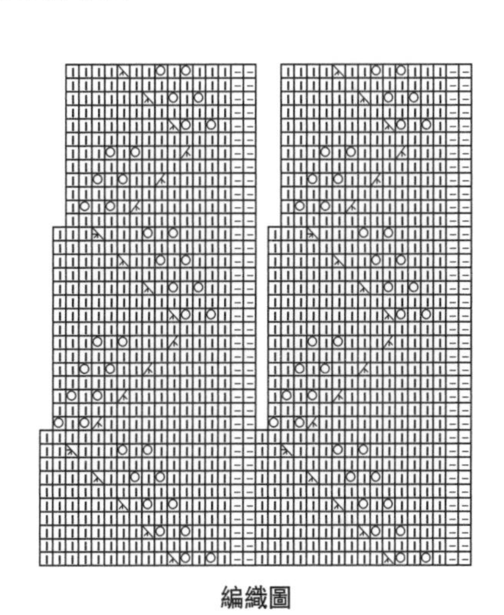
編織圖

編織步驟：

1. 用8號針起45針環形織40公分不對稱樹葉花，收平邊。
2. 鉤10針鎖針做套指。

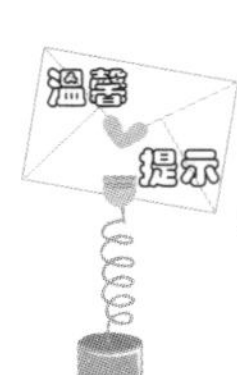

收針時可以緊收平邊，保持手掌部位緊密。

假髮帽

材料：純毛粗線　　**用量：**100g
工具：6-11號針　　**密度：**30針X24行=10平方公分
尺寸：（公分）帽高26　帽圍40

編織說明：

起針後織雙羅紋，相應長度後，平加針合成向上織環狀，依次用細一號的針向帽頂織，最後隔1針減1針，餘8針時串起拉緊。

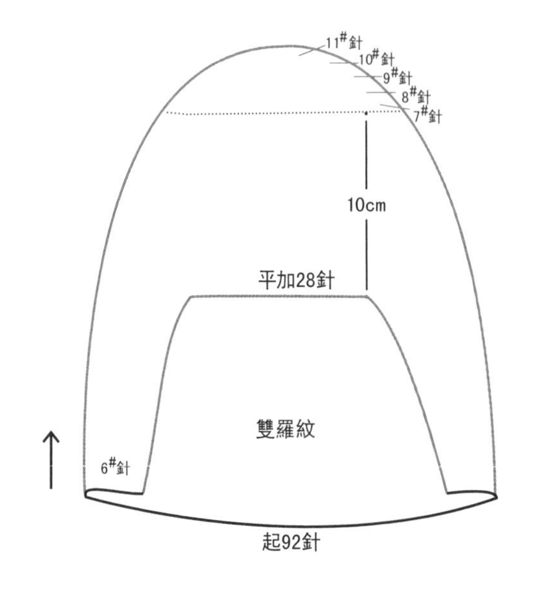

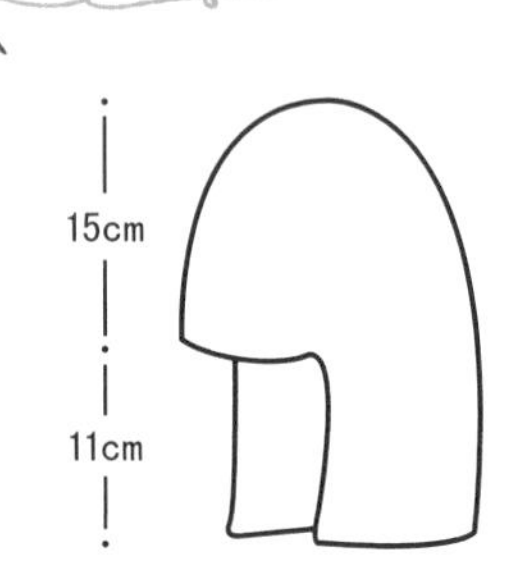

使用針法：

隔1針2針併1針

編織步驟：

1. 用6號針起92針往返織11公分雙羅紋。
2. 平加出28針，合成120針向上環形織10公分。
3. 換7號針織1公分，換8號針織1公分，換9號針織1公分，換10號針織1公分，換11號針後，隔1針2針併1針，行行併針，最後餘8針時，串入一根粗線，從內部拉緊繫好。

織雙羅紋片時，可以把前3針和最後3針都安排成下針，而且挑下不織，邊緣會顯得整齊。

俏麗披肩

材料：純毛粗線　　**用量：**175g
工具：6號針　8號針　　**密度：**20針X24行=10平方公分
尺寸：(公分) 披肩周長99　寬22

編織說明：

從下向上按花紋織成環形直筒狀，花紋針目不用加減，收針時不要太緊。

使用針法：

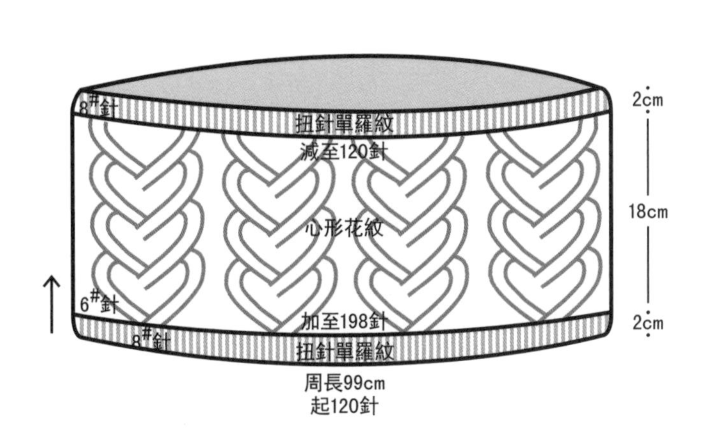

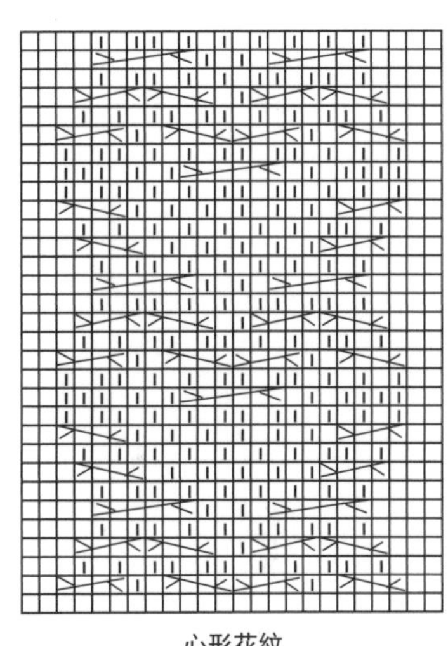

心形花紋

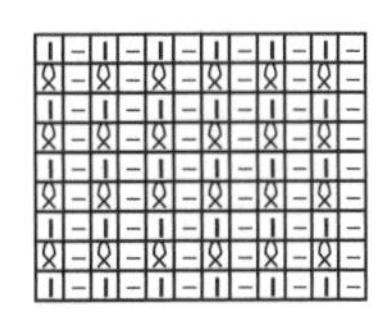

扭針單羅紋

編織步驟：

1. 用8號針起120針成環狀織2公分扭針單羅紋。
2. 換6號針加至198針，織18公分花紋。
3. 換8號針減至120針織2公分扭針單羅紋，鬆收彈性邊。

為標準體重的女孩織這款披肩時，扭針羅紋邊不要起過多針，否則穿起來會鬆垮垮。

超酷馬甲

材料：純毛粗線　　**用量：**200g

工具：6號針　　**密度：**14針X8行=10平方公分

尺寸：(公分) 衣長55　胸圍82

編織說明：

起1針，分別在左右加針，加到相應針目形成三角形，在兩個三角形中間平加針後合成大片向上直織，先平收後腰的第1、第5組對扭麻花，中間3組向上織。前領口和腋下同時減針，餘針為前肩帶，向上直織相應長與後背兩邊的對扭麻花縫合。

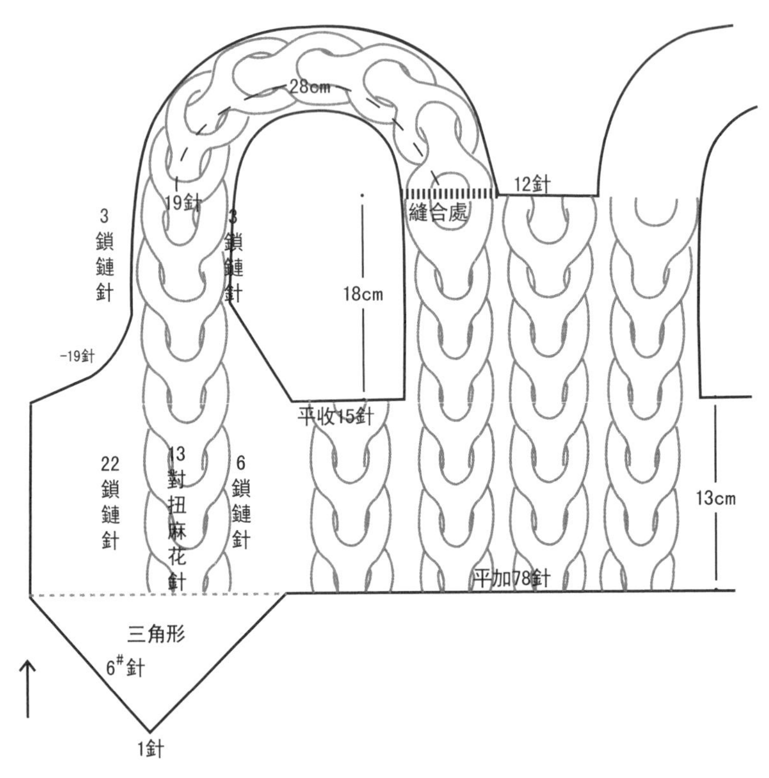

整體排花：

22	13	6	3	12	3	12	3	12	3	12	3	12	3	6	13	22
鎖鏈針	對扭麻花針	鎖鏈針	上針	對扭麻花針	上針	對扭麻花針	上針	對扭麻花針	上針	對扭麻花針	上針	對扭麻花針	上針	鎖鏈針	對扭麻花針	鎖鏈針

編織步驟：

1. 用6號針起1針鎖針，隔1行在兩邊各加1針加至41針形成三角形。共織兩個大小相同的三角形。
2. 在兩個三角形中間平加78針，合成一個完整的大片共160針向上織13公分。
3. 平收兩腋各15針，（兩組對扭麻花）取後背正中的三組對扭麻花向上織18公分，邊緣3上針改織鎖鏈針防止捲針。
4. 平收後腰針目的同時減領口和腋下，領口：隔1行減2針減3次，隔1行減1針減13次。腋下：隔1行減1針減3次。肩帶共19針，向上織28公分，與後背的對扭麻花整齊縫合，後背中間的花紋平收。

使用針法：

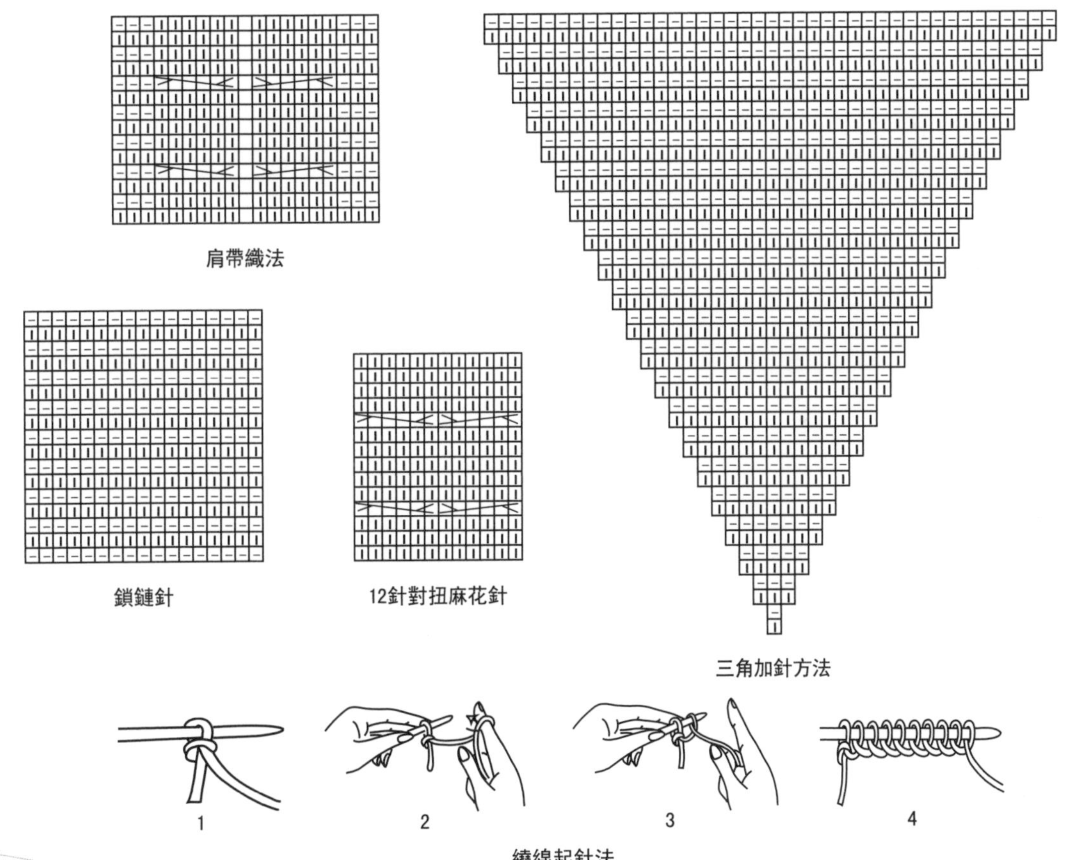

肩帶織法

鎖鏈針

12針對扭麻花針

三角加針方法

1 2 3 4

繞線起針法

溫馨提示 織各類麻花時，如果繞起平邊，會出現自然的波浪效果。

knitting

綿羊圈圈小羊圍巾

材料：純毛粗線　　**用量：**250g

工具：6號針　3.0鉤針　　**密度：**19針X25行=10平方公分

尺寸：(公分) 圍巾長91

編織說明：

從小羊的嘴開始織，到羊身體時織綿羊圈圈針，四肢用黑色線編織。

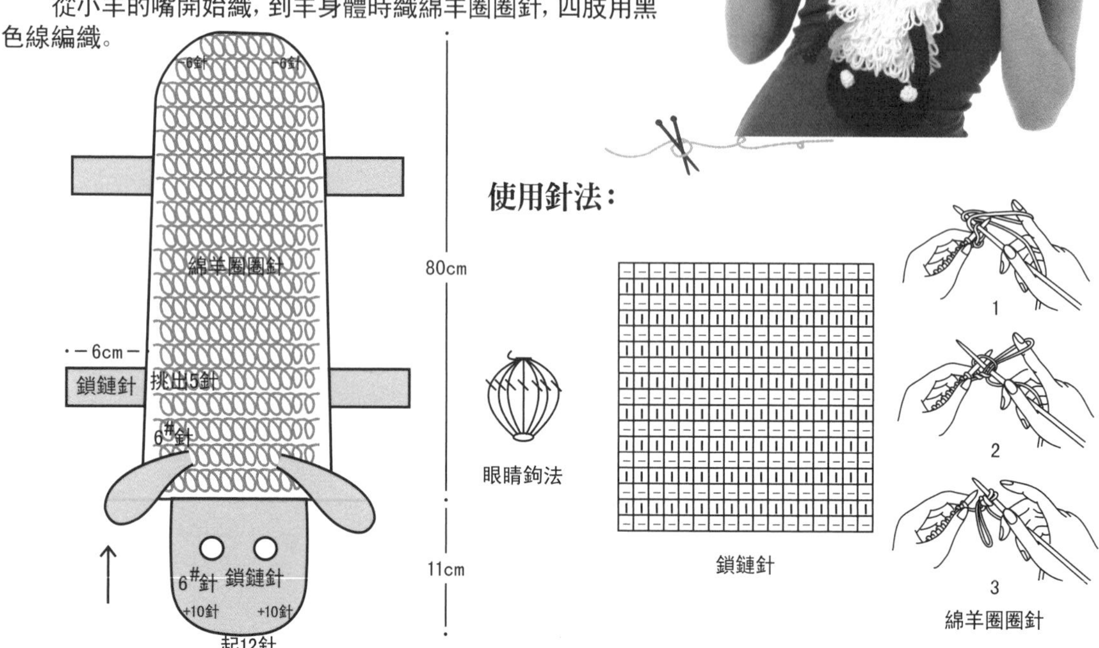

編織步驟：

1. 用6號針黑色線起12針，織鎖鏈針，分別在兩邊加針：a隔1行加3針加1次，b隔1行加2針加2次，c隔1行加1針加3次，d不加減織至11公分處。羊頭共32針。
2. 換白色織綿羊圈圈針，隔1行隔1針織一次圈圈，80公分長後，分別在尾部兩側減3針減2次，並緊收平邊，織出羊尾巴效果。
3. 換黑色線在相應位置織四只小羊的腿，用6號針黑色線挑出5針織6公分鎖鏈針，收平邊。
4. 耳朵：用6號針黑色線起8針成環狀織9公分長後，從內部把所有針目串入一根線，從起針處分別縫合於白色"羊毛"部位。
5. 眼睛：用3.0鉤針白色線鉤兩個小球球縫合於相應位置。

溫馨提示

小羊的耳朵呈袋狀，要沿著底邊環形縫合，耳朵會立直，才會顯得生動。

knitting

吉普賽帽子

材料： 粗蠟筆線　　**用量：** 150g
工具： 直徑1.0cm粗棒針　　**密度：** 15針X18行=10平方公分
尺寸：（公分）帽高16　帽圍40

編織說明：

起針後織筒狀單羅紋，平收對稱位置針目後，左右餘針織護耳，相應長度後，將所有針目串入長線並繫好小球。

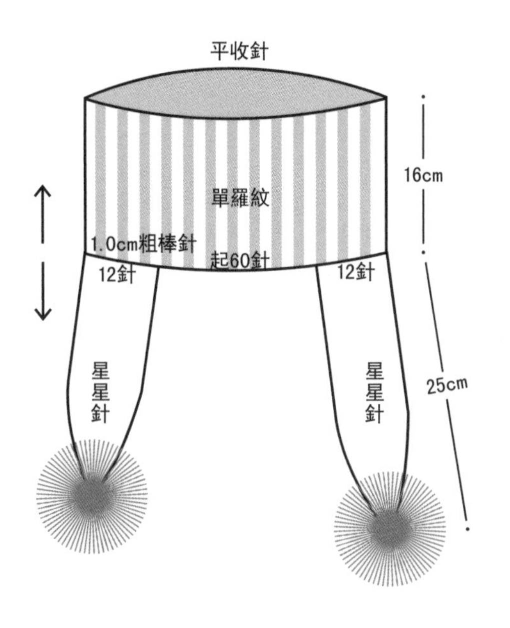

使用針法：

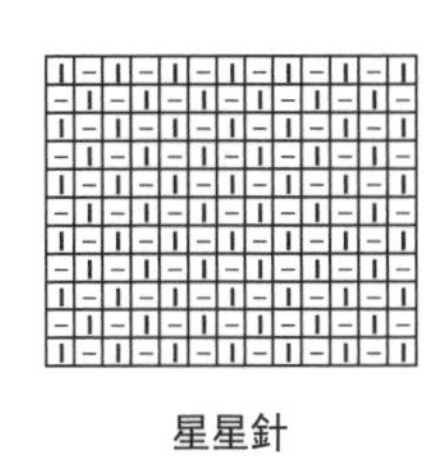

星星針

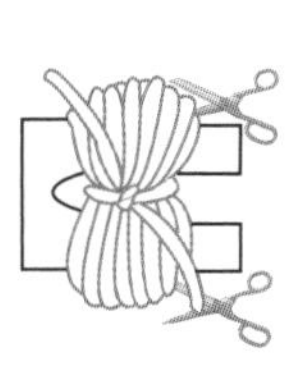
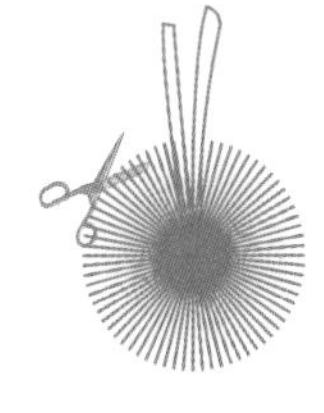

做球球的方法

編織步驟：

1. 用粗竹針起60針成環狀織16公分單羅紋。
2. 在平均位置各取18針平收，兩側的12針分別織25公分星星針。
3. 把12針星星針串入一根線中拉緊，並繫好球球。

帽子可以上下顛倒戴，兩種風格，都很有型。

knitting

雪天暖暖帽

材料：純毛粗線　　**用量：**100g
工具：6號針　8號針　　**密度：**20針X24行=10平方公分
尺寸：（公分）帽高24　帽圍40

編織說明：

從下邊起針織扭針雙羅紋，換粗針後改織相應長度的綿羊圈圈針，換線直織下針，相應長度後，分為8份，按規律減針，最後餘8針串起繫好並與球球連接。

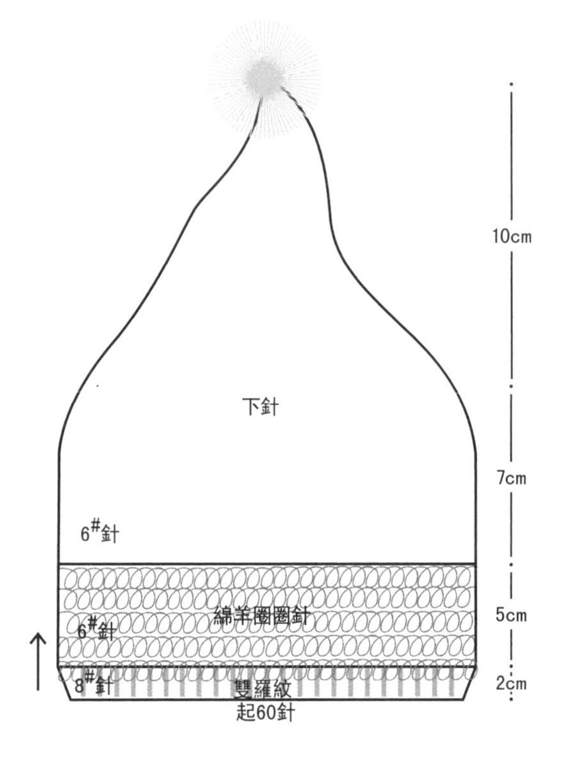

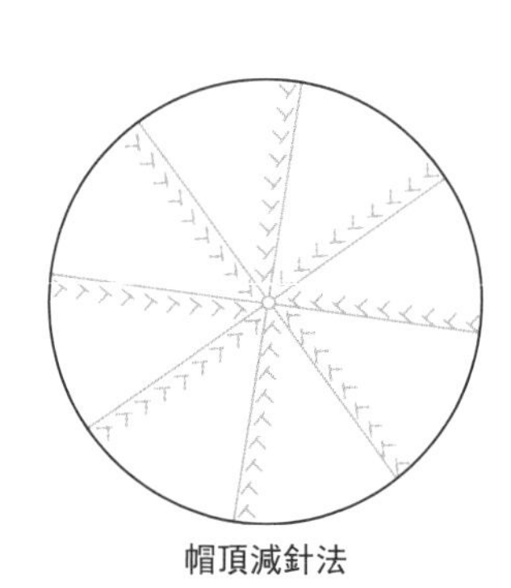
帽頂減針法

編織步驟：

1. 用8號針白色線繞線起60針成環狀織2公分雙羅紋。
2. 換6號針加至80針織5公分綿羊圈圈針。
3. 換深色線向上直織7公分下針。
4. 將80針均分8份，隔3行減1次針，每次每圈減8針，共減9次，餘8針時串入一根線中從內部拉緊，並繫好球球。

使用針法：

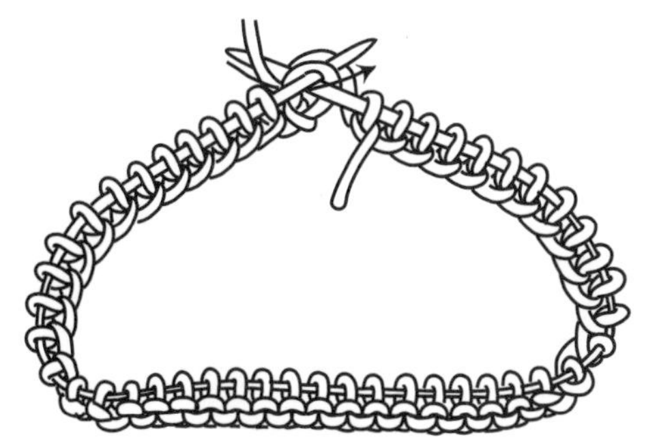

帽子環形織法

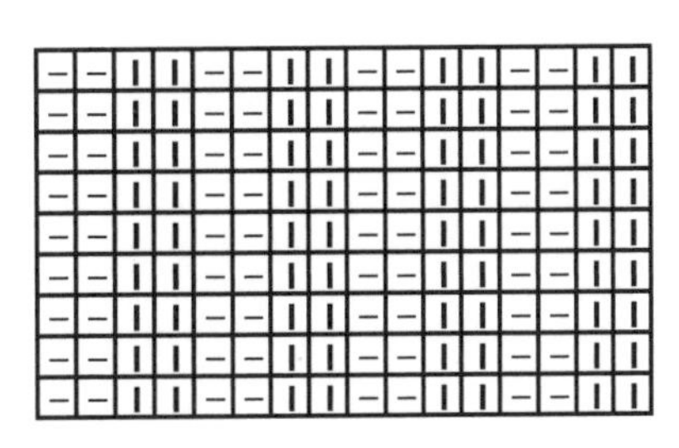

雙羅紋

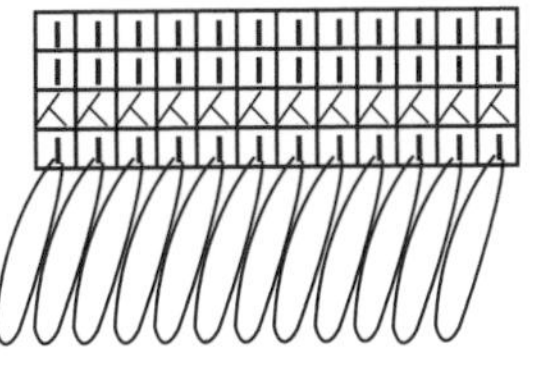

4行
3行
2行
1行

綿羊圈圈針

第一行：右食指繞雙線織下針，然後把線套繞到正面，按此方法織第2針。

第二行：由於是雙線所以2針併1針織下針。

第三、四行：織下針，並拉緊線套。

第五行以後重複第一到第四行。

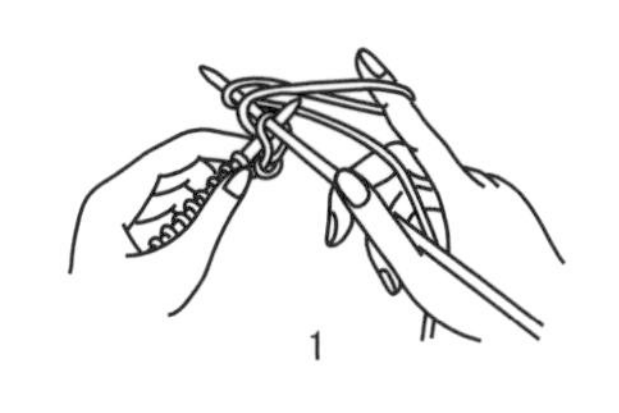

1

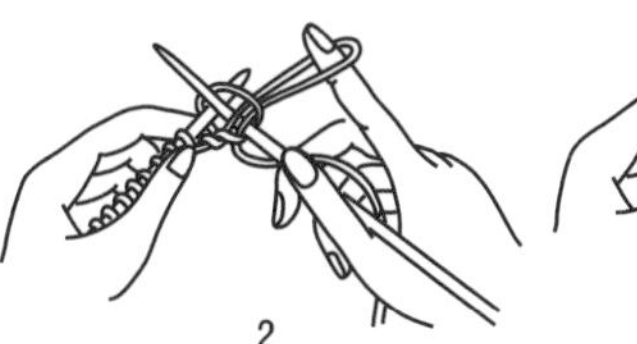

2

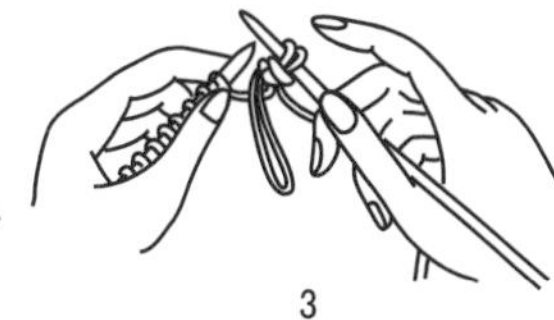

3

綿羊圈圈針

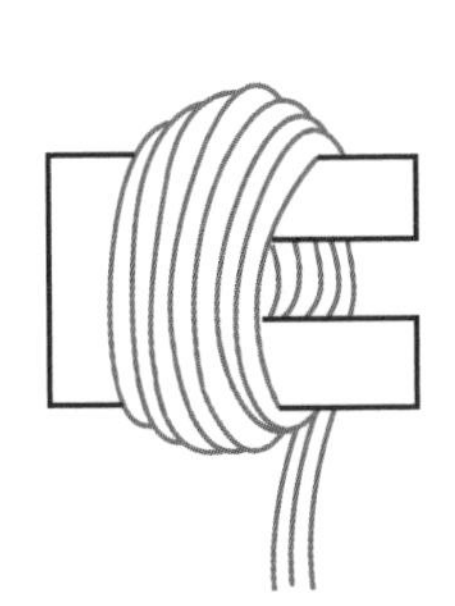

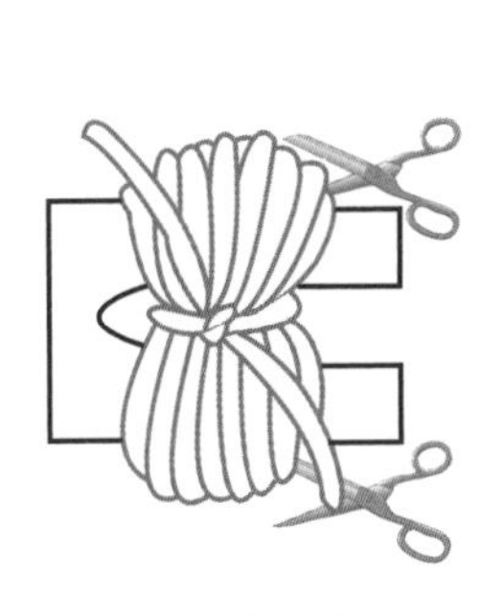

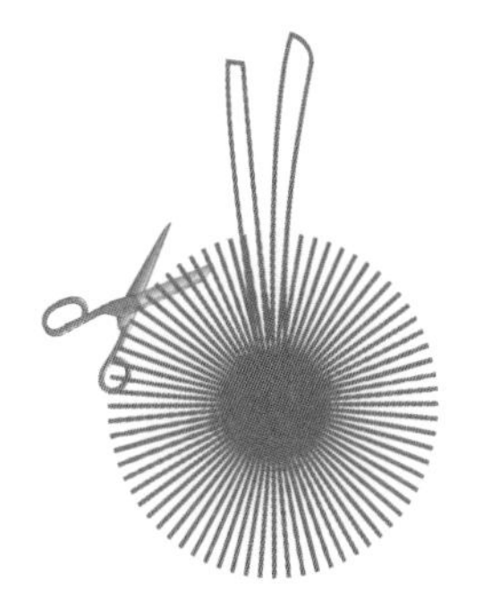

做球球的方法

溫馨提示

綿羊圈圈針的特點是線條圈方向朝下，所以織第一行圈圈時，可以適當把圈圈做短些，整體感覺會更蓬鬆有型。

藍白長靴襪

材料：純毛粗線
用量：150g
工具：6號針　8號針
密度：20針X24行=10平方公分
尺寸：（公分）襪腿長30

編織說明：

織一個長方形的片，在一側挑針再織兩個小的長方形的片，按圖示縫合邊緣，串長繩繫好形成靴襪，最後鉤花邊。

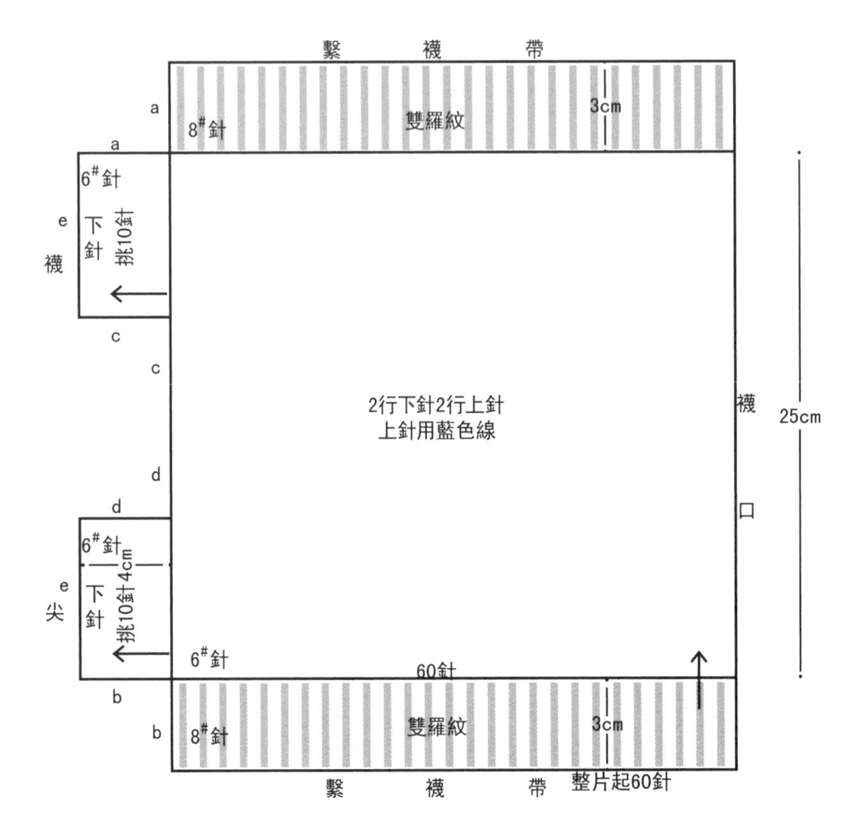

長繩鉤法

編織步驟：

1. 用8號針起60針往返織3公分雙羅紋。
2. 換6號針織2行下針2行上針，上針用藍色線，共織62行。
3. 換8號針織3公分雙羅紋，收彈性邊。
4. 在一側分別橫挑出10針織10行下針，依照圖示將相同字母位置縫合。
5. 鉤一根長繩，按繫鞋帶的方法串入雙羅紋的上針組內繫好。

使用針法：

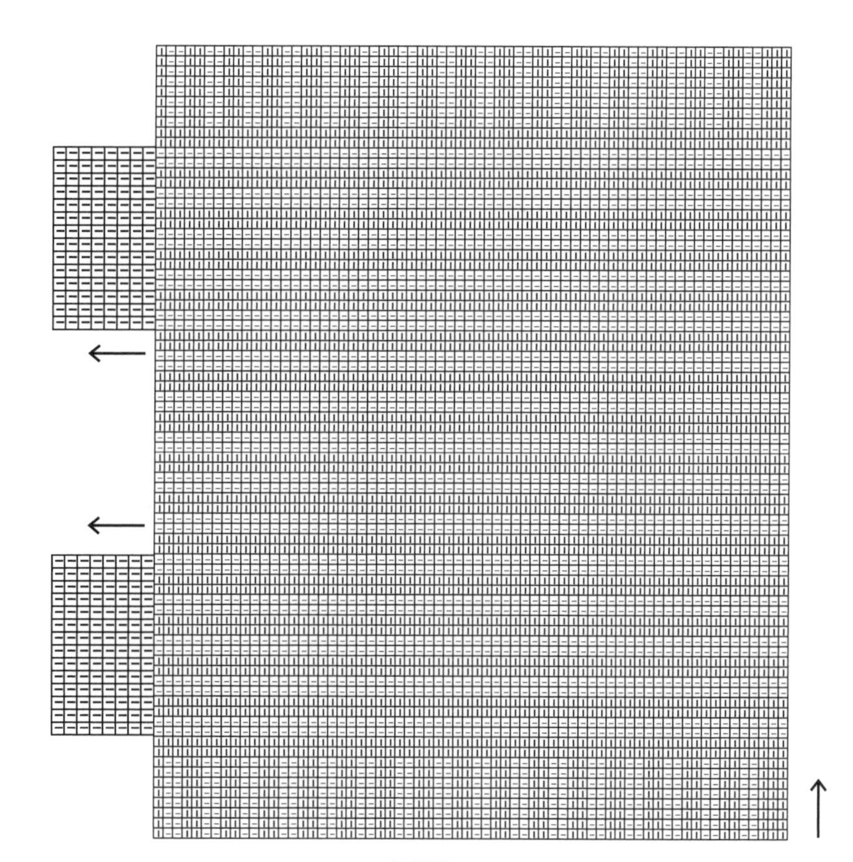

編織圖

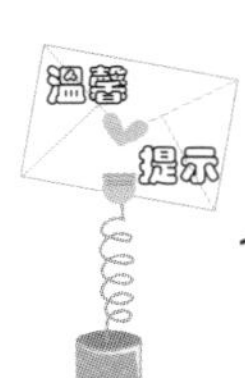

上針組內不用織釦眼，自然的孔洞就能串入長繩。

knitting

八片襪子

材料：段染線
用量：100g
工具：8號針　3.0鉤針
密度：20針X32行=10平方公分
尺寸：（公分）22號襪

編織說明：

每片為35針，在正中隔1行3針併1針，自然形成方片，共織8片，不用縫合，挑針銜接，按順序編織，最後兩片織成三角形並在腳踝處鉤短針，串好小繩。

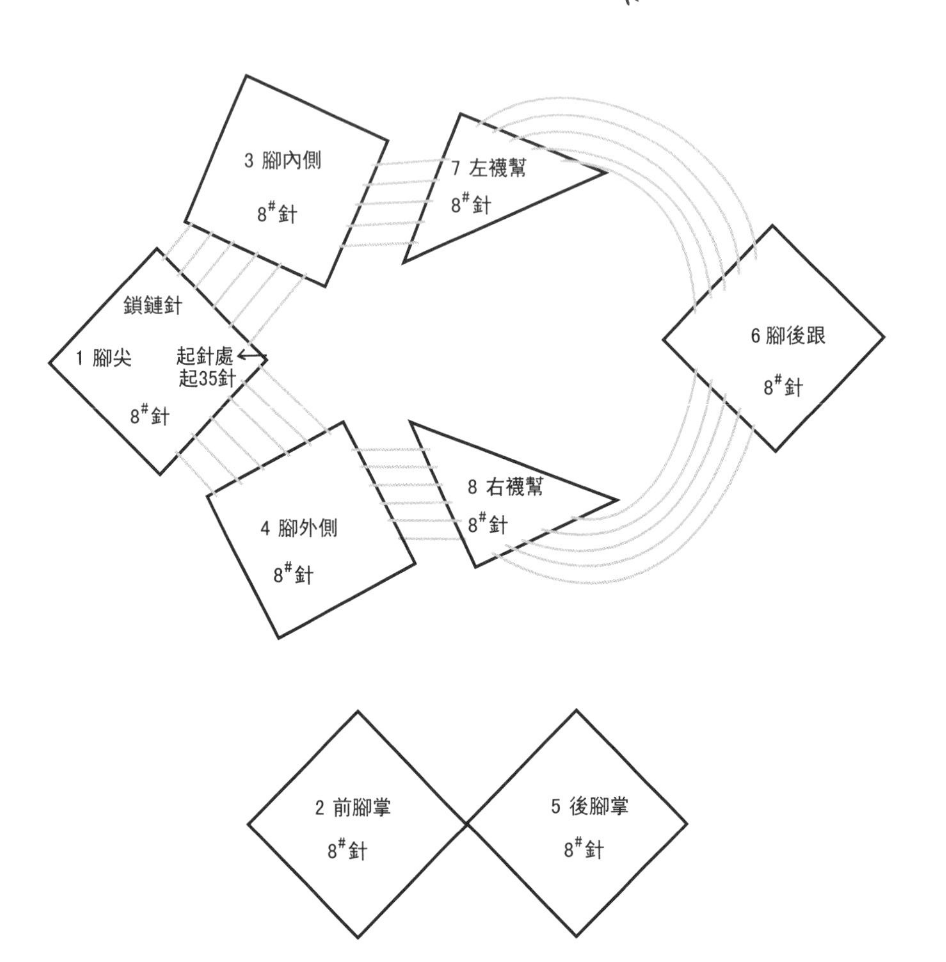

編織步驟：

1. 第1片：用8號針從腳背正中起35針鎖鏈針織片，隔1行在正中3針併1針，併16次，餘3針。
2. 第2片：在第1片的左右各挑16針，合成35針向上織，減針方法同第1片。
3. 第3片：在第1片和第2片的側面共挑35針，結合處做減針點，按原方法減針。
4. 第4片：斷線，在第1片和第2片的側面共挑35針，結合處做減針點，按原方法減針。
5. 第5片：在第3片和第4片之間挑35針，按原方法減針，餘1針。
6. 第6片：在第5片的左右邊緣各挑17針，合成35針，按原方法減針。
7. 第7片：在第6片和第3片之間挑35針，按原方法減7次針，餘針平收。
8. 第8片：在第6片和第4片之間挑出35針，按原方法減7次針，餘針平收。
9. 在腳踝處用3.0鉤針鉤4行短針，鉤一根小繩，串入襪幫處。

使用針法：

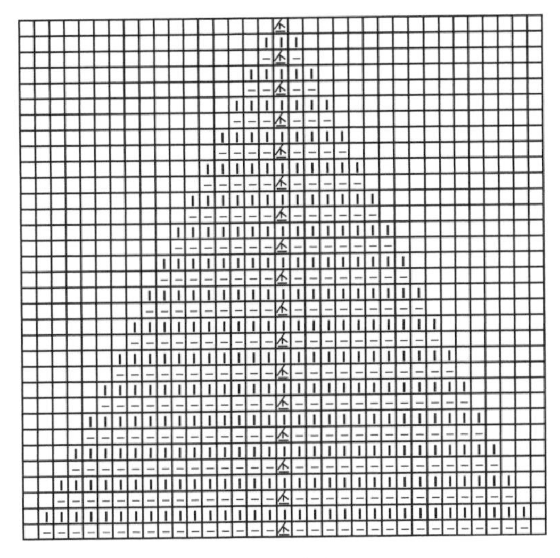

方片織法

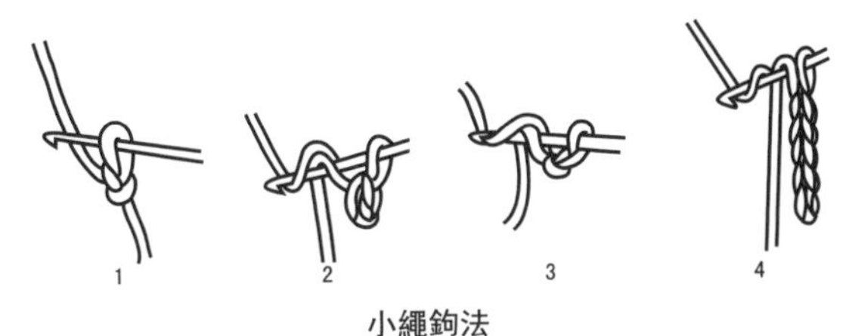

小繩鉤法

溫馨提示

由於在正中規律減針，織出來的片狀呈正方形。

大片披肩

材料：純毛粗線　　**用量：**600g
工具：直徑0.6cm竹針　　**密度：**17針X20行=10平方公分
尺寸：（公分）披肩長128　寬62

編織說明：

依照花紋織一個長方形的大片，分別在相應位置留出開口，另起針織兩個小長方形的片，對頭縫合後，再縫合在披肩的開口處，形成袖口。

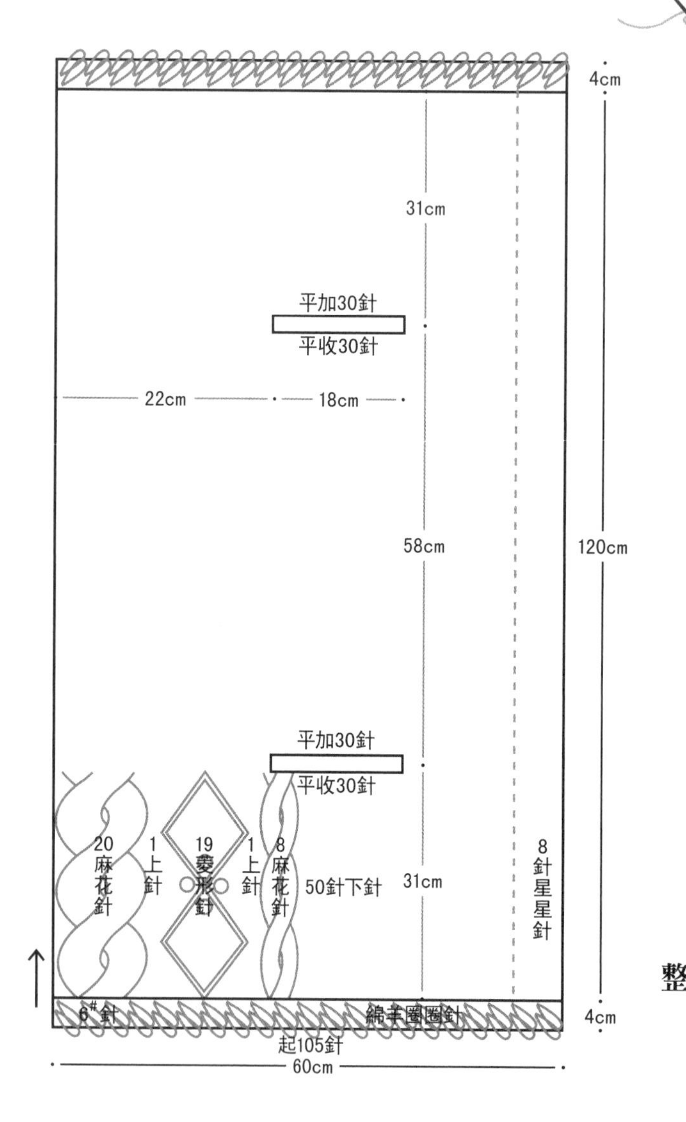

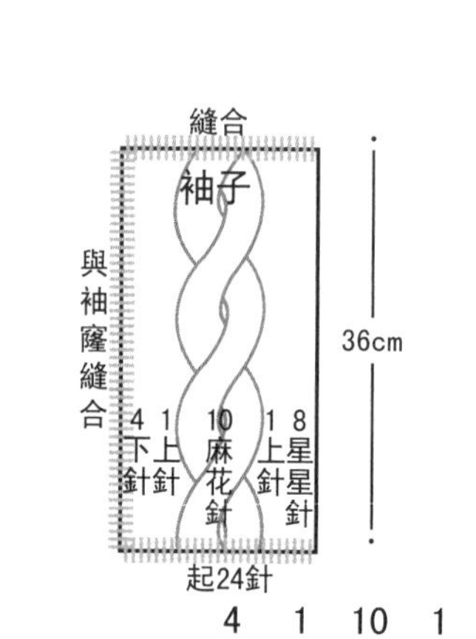

袖子排花：

4	1	10	1	8
下針	上針	麻花針	上針	星星針

整體排花：

20	1	19	1	8	50	8
麻花針	上針	菱形針	上針	麻花針	下針	星星針

編織步驟：

1. 用6號針起105針，往返織4公分綿羊圈圈針。
2. 按排花織各組花紋。
3. 織31公分時，取50下針內的30針平收，第2行時，再平加出30針合成大片繼續織，形成的開口是袖口。
4. 合成大片後，繼續按花紋織58公分，重複上述留開口的步驟。合針後再織31公分，餘下的4公分織綿羊圈圈針，收平邊。
5. 織袖子：另起24針按花紋織36公分並對頭縫合，邊針的8針織星星針，餘14針中，織10針麻花，第10行扭，餘4針織下針，邊針全織，方便與正身縫合。

使用針法：

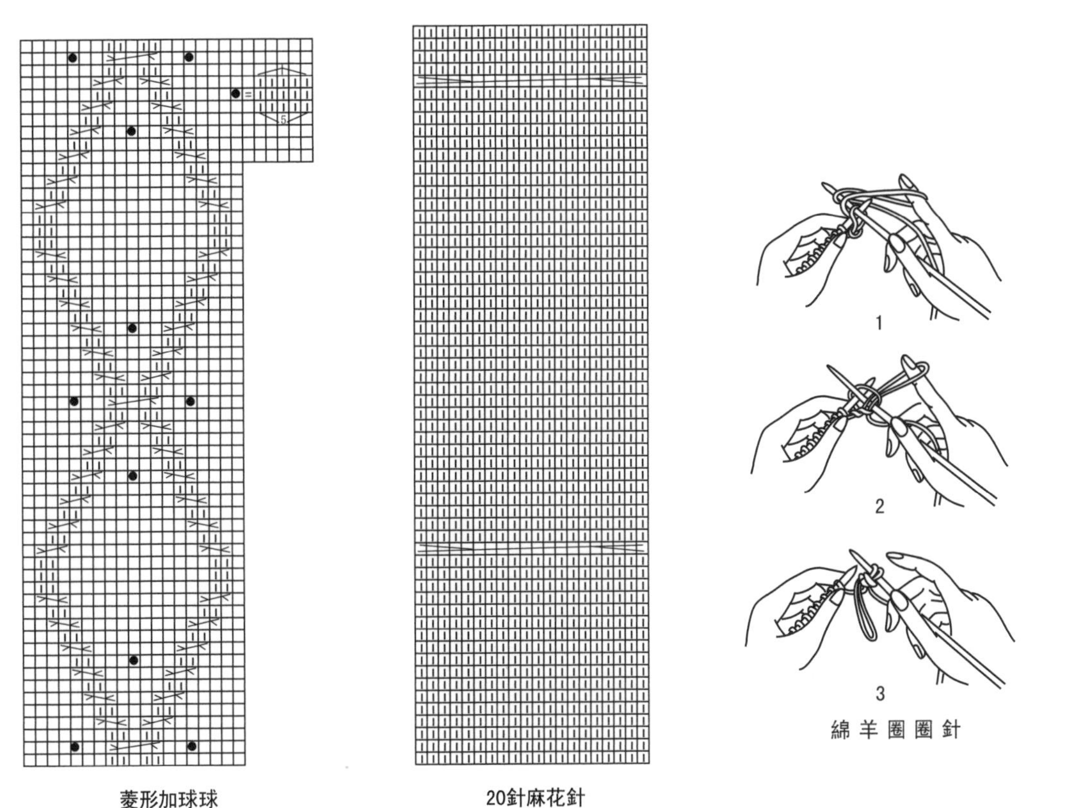

菱形加球球　　20針麻花針　　綿羊圈圈針

溫馨提示

由於星星針比下針漲針，所以織這部分時，要拉緊線，防止尺寸不同引起底邊外翹。

knitting

綿羊圈圈短披肩

材料：純毛粗線　　　　**用量：**225g

工具：6號針　8號針　　**密度：**20針X24行=10平方公分

尺寸：（公分）以實物為準

編織說明：

織一個“凹”形不規則片，按要求縫合各部位，最後挑針織領子。

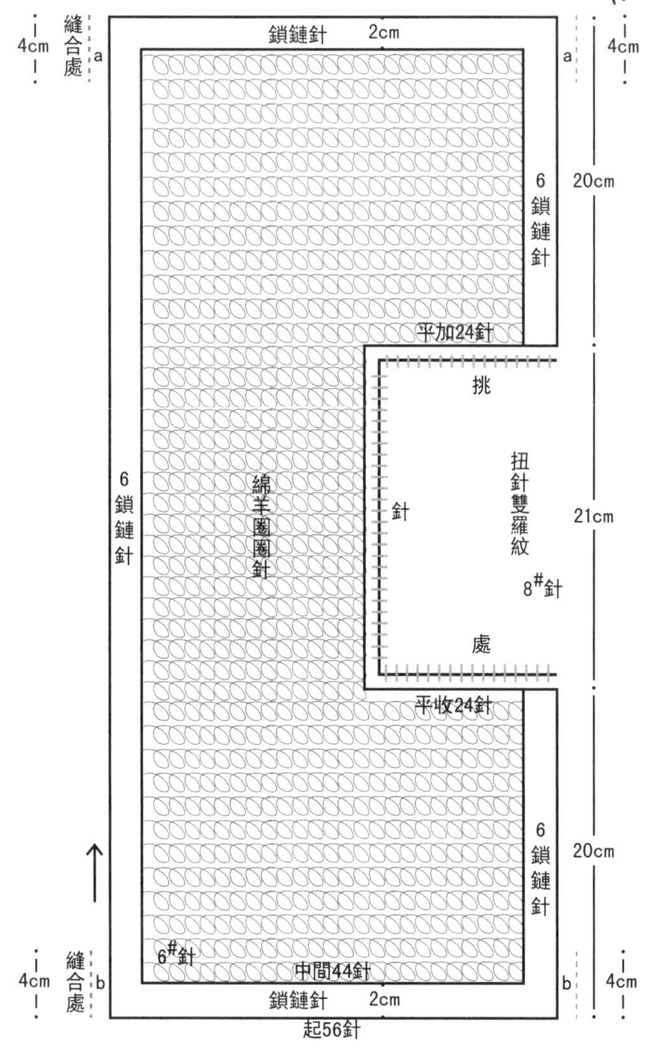

編織步驟：

1. 用6號針起56針，往返織5行鎖鏈針後，中間44針改織綿羊圈圈針，左右各6針織鎖鏈針。
2. 至20公分時，平收一側的24針，只織餘下的32針，21公分的長度後，再平加出24針，合成原來的56針向上織，長度與起針時一樣，收平邊。
3. 對摺，將兩邊的6針鎖鏈針縫合4公分做袖子（a-a、b-b）。
4. 用8號針從“凹”處挑出96針往返織10公分扭針雙羅紋形成領子，邊針挑下不織，收雙彈性邊。

使用針法：

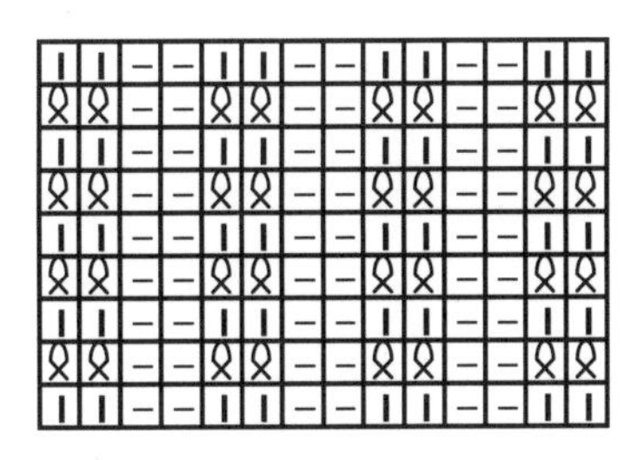

扭針雙羅紋

鎖鏈針

綿羊圈圈的長短可以按服裝款式自由調整，披肩類可以長些，帽子圍巾的圈圈可以短些。

國家圖書館出版品預行編目(CIP)資料

巧學編織：潮流配飾 / 王春燕著. -- 初版. --
新北市：北星圖書, 2011. 06
面； 公分
ISBN 978-986-6399-07-7（平裝）

1. 編織 2. 手工藝

426.4 100011284

巧學編織：潮流配飾

著　　作 王春燕
發　　行 北星圖書事業股份有限公司
發 行 人 陳偉祥
發 行 所 新北市永和區中正路458號B1
電　　話 886_2_29229000
傳　　真 886_2_29229041
網　　址 www.nsbooks.com.tw
E_mail nsbook@nsbooks.com.tw
郵政劃撥 50042987
戶　　名 北星文化事業有限公司
開　　本 185x235mm
版　　次 2011年6月初版
印　　次 2011年6月初版
書　　號 ISBN 978-986-6399-07-7
定　　價 新台幣280元 （缺頁或破損的書，請寄回更換）
版權所有・翻印必究